工作生活076A

生時間

高績效時間管理術

Make Time

How to focus on What matters every day

傑克・納普（Jake Knapp）
約翰・澤拉斯基（John Zeratsky）著

洪世民 譯

獻給荷莉（Holly）和蜜雪兒（Michelle）

人生不只是加速前進。
——聖雄甘地（Mahatma Gandhi）

目錄

導讀

「生時間」是怎麼運作的

第一篇　精華

第二篇　雷射

雷射策略──做手機的老大

雷射策略──避開萬丈深淵

雷射策略──放慢收件匣

第三篇　提振活力

提振活力策略──吃真正的食物

提振活力策略──善用咖啡因

提振活力策略──離線

提振活力策略 ── 當面來

提振活力策略──在洞窟裡睡覺

第四篇　反省

「有朝一日」就從今天開始

附錄 249

今天大家都這樣聊：

而你的行事曆長這樣：

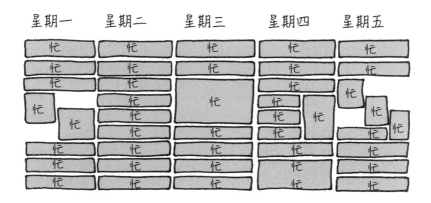

從早到晚，我們的手機響個不停：

到了晚上，我們差點累得沒辦法追劇：

你可曾在夜深人靜時回想，納悶：「我今天到底**做**了什麼？」可曾夢想有朝一日可以著手什麼計畫、展開什麼行動——但那「有朝一日」永遠不會到來？

這本書要探討的，是把瘋狂的「衝、衝、衝」慢下來，是為重要的事情騰出時間。我們相信，是有可能感覺不那麼焦頭爛額、沒那麼精神渙散，多享受一點當下的。或許那聽起來有點信口開河，但我們是認真的。

「生時間」不是要談生產力。這不是要談怎麼做更多的事情、更快完成你的待辦事項，或把你的生活外包出去。「生時間」是個架構，目的在幫助你於**日常生活創造更多時間**來做你真正在乎的事，無論是享受天倫之樂、學習語言、創個副業、當志工、寫小說，或稱霸「瑪利歐賽車」。不論你想要拿時間來做什麼，我們認為「生時間」都能幫你生出時間。假以時日，你必能讓你的生活歸你所有。

首先，我們想聊聊為什麼現今生活會那麼忙碌、那麼混亂。還有為什麼，如果你常覺得壓力沉重、精神無法集中，那也許不是你的錯。

　　21 世紀，有兩股非常強大的力量在爭搶你的每一分每一秒。第一股力量，我們叫它「馬不停蹄」。「馬不停蹄」是忙個不停、一刻不得閒的文化——爆量的收件匣、塞滿的行事曆、無止盡的待辦事項。按照這種心態，如果你想達到現代職場的要求、在現代社會中運作，那得分分秒秒都有生產力才行。畢竟，別人都在忙，你一慢下來就會落後，再也追不上。

　　爭奪時間的第二股力量，我們叫它「萬丈深淵」。「萬丈深淵」是 APP（應用程式）及其他不斷補充內容的資訊源。如果你可以「下拉更新」，那就是一個「萬丈深淵」。如果網頁有串流，那也是「萬丈深淵」。這種唾手可得、永遠在更新的娛樂，是你忙個不停而精疲力竭的報償。

　　但你**真的**非得忙個不停嗎？無止盡的分心**真的**是種報償嗎？或者我們只是陷溺於自動駕駛而不可自拔？

我們的時間大多被「預設值」花掉了

　　這兩股力量——「馬不停蹄」和「萬丈深淵」——如此強悍，是因為它們已成為人類生活方式的「預設值」。在科技術語中，「預設值」意指某件東西在你剛開始使用時的運作方式。那是預先設定好的選項，要是你不做些什麼來改變它，那個預設值就會一直跟著你。舉例來說，如果你買了一支新手機，原廠設定是你的主畫面上有電子郵件和網路瀏覽器的 APP。預設情況下，每當有新的訊息出現，你就會收到通知。那支手機還有預設的桌布和鈴聲。上述所有選項，已經由 Apple、Google 或其他手機製造商預先選定；如果你想，你可以變更那些設定，那需要花一番手腳，所以許多預設值會繼續沿用下去。

　　生活的每個層面幾乎都有預設值。不只是行動裝置，職場和文

化都有內建的預設值，讓忙碌和分心成為常態、典型的事況。類似這種標準設定**隨處可見**。沒有人會看著空白的行事曆說：「度過這段時間的最佳方式，就是一直亂開會！」沒有人會說：「今天最重要的事情，就是其他人的突發奇想！」當然不會。那未免太瘋狂。但因為預設值的緣故，那實際上就是我們在做的事。在辦公室裡，每一場會議都預設要開半小時到一小時，就算這些事情其實只需要稍微聊一下就能搞定也一樣。在預設情況下，什麼事情會出現在我們的行事曆，是由他人選定；而預設情況下，我們被指望要欣然接受那些開了又開、一開再開的會議。我們其他的工作內容預設是收發信和訊息，所以在預設情況下，我們必須不時查看收件匣，立刻「全部回覆」。

趕快處理眼前的事情。要有問必答、有求必應。要把時間填滿，要有效率，要完成更多事項。這些都是「馬不停蹄」的預設規則。

　　當我們勉強脫離「馬不停蹄」，「萬丈深淵」已準備好引誘我們跳入。「馬不停蹄」的預設值是永無止盡的工作，「萬丈深淵」的原廠設定則是永無止盡的分心。手機、筆電和電視都有滿滿的遊戲、社交動態和影片。萬事萬物都在我們的指尖，令人難以抗拒，甚至使人上癮。彈指間，所有煩惱都拋到九霄雲外。

　　重新載入 Facebook；瀏覽 YouTube；絕不錯過不斷更新的新聞快報、玩 Candy Crush、狂看 HBO。這些都是貪婪成性的「萬丈深淵」的預設值，吞噬「馬不停蹄」所留下的一丁點時間。現在每人每天平均要花四個多小時玩智慧型手機，另外花四個多小時看電視節目，分心其實才是全職工作。

　　於是你夾在中間，任「馬不停蹄」和「萬丈深淵」往反方向拉扯。但**你**自己呢？你希望從你的日子、你的人生中得到什麼呢？如果你可以推翻這些預設值、創造自己的預設值，會發生什麼事呢？

　　意志力不是出路。這兩股力量的銷魂誘惑，我們都試著抗拒過，也都知道那有多麼不可能。我們也在科技業待過好多年，對那些 APP、遊戲和裝置瞭若指掌，知道它們終將使你俯首稱臣。

　　生產力也不是解方。我們都試過從雜務中撥出時間、塞進更多待辦事項。麻煩在於，永遠有更多工作、更多要求等著就位。你在倉鼠輪上跑得愈快，輪子就轉得愈快。

但**確實**有方法能讓你的注意力脫離那兩股相互競爭的力量，奪回對時間的掌控權。這就是本書的著眼點。「生時間」是個架構，可據以選擇你想聚焦的事情、提振做那件事的活力、打破預設值的循環，讓你更能憑自己的意願選擇你想要的生活方式。就算你無法完全掌控自己的行程——很少人能這樣——但你絕對可以掌控自己的注意力。

我們想幫助你設定自己的預設值。有了新的習慣和心態，你就不必再回應現代世界，可以開始積極為你覺得重要的人事物騰出時間。這與省時間無關，而是要為真正重要的事情**生**時間。

本書的點子可以在你的行事曆、你的大腦和你的日子裡留下空白。那樣的空白可為日常生活帶來明晰和平靜，可為培養新的嗜好或開啟那個「有朝一日」的計畫創造機會。生活裡的一點小空白，甚至可能釋放你已失去或從未發現的活力，饒富創意的活力。但在進入那些點子之前，我們想說說自己到底是誰，為什麼對時間和活力如此執迷，又是怎麼發想出「生時間」這本書的。

會會時間雙傻

我們是傑克和 JZ[1]。我們不是伊隆 · 馬斯克（Elon Musk）那種製造火箭的億萬富豪、不是提摩西 · 費里斯（Timothy Ferriss）那種英俊瀟灑又博學多才之士，也不是雪柔 · 桑德伯格（Sheryl

Sandberg）那種天才營運長。大部分的時間管理建議都是超人寫超人，但你不會在本書的字裡行間見到那種超能力。我們是容易犯錯的普通人，跟大家一樣被壓得喘不過氣、沒辦法專心。

我們的觀點之所以與眾不同，是因為我們是產品設計師、在科技產業混過好幾年、協助開創 Gmail、YouTube、Google Hangouts 之類的服務。身為設計師，我們的職責是將抽象概念（例如「假使 email 會自己整理，不是很酷嗎？」）化為實際解決方案（例如 Gmail 的優先收件匣）。我們必須了解科技如何順應——以及改變——日常生活。這類經驗讓我們洞悉「萬丈深淵」何以如此強勢，以及可以如何防止它接管我們的生活。

幾年前我們發現，可以將設計應用到某件看不見的事：如何運用時間。但我們不是從技術或商業機會著手，而是從生命中最有意義的計畫和最重要的人開始。

往後每一天，我們都試著花一些時間找出個人的第一優先事項。我們質疑「馬不停蹄」的預設值，重新設計運用科技的方式和時機。我們沒有取之不盡用之不竭的意志力，所以每一項新設計都要易於使用。我們無法抹去每一項責任，所以不能天馬行空。我們實驗、失敗、成功，終於學會。

在這本書裡，我們分享發現的原則和策略，以及許多犯錯和犯蠢的故事。我們覺得這一個故事是不錯的開頭：

---

1 「JZ」代表「約翰‧澤拉斯基」（John Zeratsky），別跟音樂人兼商業大亨 Jay-Z 搞混了。噢，別失望啦。

幕後故事，第一部：不分心iPhone

傑克

那是2012年，我的兩個兒子在家裡客廳玩木頭火車玩具。路克（8歲）認真地在組合軌道，弗琳（嬰兒）則把口水流到火車頭上。然後路克抬起頭來，說：

爸，你為什麼在看手機？

他這麼問不是要讓我覺得難為情；他純粹是好奇。但我沒有好的答案。我的意思是，當然，我在那一刻查看email或許有某個理由，但那不是很好的理由。我一整天都在期待跟孩子相處，現在終於如願，我的心卻不在那裡。就在那一刻，我如夢初醒。我不只是一時注意力不集中──我有更大的問題。

我恍然明白，我每一天都在回應：回應我的行事曆、回應寄來的email、回應網路上不斷冒出的新玩意兒。與家人共度的時光正悄悄溜走，是為了什麼？就為了我可以多讀一則訊息，或多核對一個待辦事項？那次的頓悟令人洩氣，因為我已經在試著求取平衡了。當路克於2003年出生時，我已經在著手提升工作生產力，希望能把更多的珍貴時光留在家中。

2012年，我自認是生產力和效率大師。我把工作時間控制在合理範圍內，天天回家吃晚飯。工作／生活平衡看來就是如此──我是這麼相信啦。

但若是如此，為什麼我8歲大的兒子會因為我心不在焉而大聲喊我

呢？如果我在工作上那麼遊刃有餘，為什麼還老是覺得忙得不可開交呢？如果我的早晨從回覆200封email開始，半夜讓它歸零，那天就算功德圓滿了嗎？

我豁然開朗：更有生產力的意思不是我在做最重要的工作；那僅意味我更快速地回應別人的優先事項。

一直待在線上的結果是，我並未充分投入與孩子的相處。而我那宏大的「有朝一日」的目標：寫一本書，也是繼續拖下去。事實上，我已經延宕數年，連一頁都沒寫出來。我太忙著在別人的email汪洋裡划水，太忙著看別人的近況更新和午餐照片了。

我不僅對自己感到失望，簡直是失望透頂。惱羞成怒之下，我抓起手機，氣急敗壞地移除Twitter、Facebook和Instagram。看著圖像一個接一個從主畫面上消失，我感覺如釋重負。

然後我盯著Gmail的APP，咬緊牙根。當時我還在Google工作，而且曾和Gmail團隊共事好幾年。我愛Gmail，但我知道自己必須做什麼。至今我仍記得從螢幕冒出來的那則訊息，難以置信地問我是否確定想移除那個APP。我重重地吞了口口水，點了「刪除」。

沒了APP，我預期焦慮和孤立會找上門。在那幾天後，我**確實**察覺到變化。但我不只沒有倍覺壓力，反而覺得輕鬆，覺得自在。

我不再稍微感覺到無聊的跡象，就反射性地抓起我的iPhone。跟孩子相處的時間慢下來了，更加愉快而充實。「老天啊，」我想：「如果連iPhone都沒有使我更快樂，那其他東西呢？」

我喜愛我的iPhone，和它帶給我的所有新潮力量。但我也接受了隨那些力量而來的每一種預設值，讓我簡直和口袋裡那閃閃發亮的裝置綁在一起。我開始懷疑，我的生活還有哪些部分需要重新檢討、設定和設計。我還盲目接受了哪些預設值，可以怎麼收回主導權呢？

在iPhone實驗後不久，我換了新工作。還是在Google裡，只是現在我效力於Google Ventures，一家專門投資外部新創事業的創業投資公司。

到那裡的第一天，我遇到一個叫約翰・澤拉斯基的傢伙。

你好。

很高興認識你。

一開始，我很想討厭他。約翰比我年輕，而且——老實說——長得比我帥。但更可惡的是，他老是一副心平氣和的樣子。約翰從不緊張。他能超前進度完成重要工作，還抽得出時間搞個人計畫。他早起、早做完工作、早回家。他笑口常開。他究竟是怎麼辦到的？

嗯，後來我跟約翰（我叫他JZ）處得還不錯。我很快就發現自己跟他氣味相投——宛如同父異母的兄弟。

JZ跟我一樣，對「馬不停蹄」已不抱幻想。我們都愛科技，都曾從事技術服務設計工作多年（我任職Gmail時，他效力於YouTube），但也都開始了解注意力和時間被「萬丈深淵」吸引的代價。

跟我一樣，JZ也已經開始著手解決。對於這種事情，他的作風有點像「星際大戰」的歐比王・肯諾比（Obi-Wan Kenobi），只是他不是穿長袍，而是穿格子襯衫跟牛仔褲，不是用「原力」，而是對他所謂的「系統」感興趣。那玄之又玄，他也不確切明白那是什麼，但他相信系統存在：一個可以避免分心、保持活力、生出更多時間的簡單架構。

我知道你要說什麼，乍聽之下我也覺得怪異。但他愈說那樣的系統可能長什麼樣子，我愈發現自己頻頻點頭。JZ**相當**了解古代人類史和演化心理學，他看出問題一部分的根源，在於採集狩獵的祖先和瘋狂的現代世界之間，出現巨大的斷裂。透過產品設計師的稜鏡，他認為這個「系統」要能運作，必須先改變預設值，讓會使你分心的事物更難接近，而非一味仰賴意志力與之抗衡。

哎呀，見鬼了，那時我這麼想。如果我們**真能**創造這樣的系統，那不正是我在尋尋覓覓的嗎？所以我和JZ攜手合作，冒險就此展開。

幕後故事，第二部：生時間的蠢蛋冒險

JZ

傑克的「不分心」iPhone有點極端，我承認我沒有馬上去試。但一試，我就愛上了。於是我們兩個開始尋找其他變更設計——將我們的原廠設定從「分心」改成「專注」的方法。

我開始一星期只看一次新聞，並調整睡眠時間，變成早睡早起的人。我實驗過一天吃六次、少量多餐，然後試著多量少餐（只吃兩次）。我採用不同運動方式，從長跑、瑜珈到天天伏地挺身。我甚至說服程式設計的朋友幫我量身打造待辦事項的APP。在此同時，傑克則花了一整年用試算表追蹤他每天的活力有多充沛，試著了解他該喝咖啡還是綠茶、該早上還是晚上運動，甚至他到底喜不喜歡與人相處（答案是：喜歡……通常啦）。

我們從這種執迷的行為學到很多，但我們感興趣的不只是對**我們**管用的事；我們仍相信，有一個人人都可為自己生活量身打造的系統。為了找出那個系統，我們需要一些測試對象，幸運的是，我們擁有完美的實驗室。

在Google工作時，傑克創造了他所謂的「設計衝刺」（Design Sprint）：基本上是一個從頭重新設計的工作週。這五天，團隊要取消所有會議，專注於解決單一問題，採用一張特定的行動核對單。那是我們第一次致力於設計**時間**，而非產品，而那有用——「設計衝刺」迅速在Google蔓延。

2012年我們開始合作，在Google Ventures投資組合裡的新創公司推行「設計衝刺」。接下來一、兩年，這種為期五天的衝刺，我們進行了超過150次，共有將近1,000人參與：程式設計師、營養師、執行長、咖啡館服務生、農人等。

對我們這對時間雙傻來說，這整件事是個絕佳機會。我們有機會重新設計工作週、向Slack、Uber、23andMe等新創公司的數百個高績效團隊學習。「生時間」背後的許多原則，靈感都是來自我們在那些「衝刺」中所發現的事實。

設計衝刺實驗室教我們的四件事

我們學到的第一件事情是，**當你用一個至關重要的目標開啟一天，會有神奇的事情發生**。每一個衝刺日，我們都全神貫注於一個重大焦點：星期一，團隊繪出問題的藍圖；星期二，每個人草擬一個解決方案；星期三，大夥兒決定哪個方案最好；星期四，建立原型；星期五，測試原型。每一天的目標都極具企圖心，但只關注一件事。

這個焦點造就了清晰和幹勁。當你擁有一個有雄心壯志但可以達成的目標，最後你一定能**順利達成**。你可以在檢核表上打個勾、放下工作，心滿意足地回家。

設計衝刺教我們的第二課是：**禁用裝置，能做更多事**。因為設了這條規則，我們得以禁止使用筆電和智慧型手機，而成果有天壤之別。沒有 email 和其他「萬丈深淵」的頻頻誘惑，人們會全神貫注於手邊的工作；預設值切換成專注。

我們也學到，**專心工作和清晰思考的活力非常重要**。當我們剛開始推行設計衝刺時，團隊仍長時間工作，靠甜點補充能量。過了星期三，活力便直線下降。所以我們做了調整，同時明白健康的午餐、散個小步、頻繁的休息和稍微縮短工時，都有助於維持活力高峰，提升工作效率和成果。

最後，這些實驗還教會我們「實驗的力量」。**實驗能夠改善過程**，親眼見證改變的成果，更給予我們深刻的信心——單憑閱讀別人的成果，絕對無法建立的信心。

我們的「衝刺」需要一整個團隊和一整個星期，但我們馬上看出，個人可以用類似方式重新設計他們的日子。於是，我們學到的課題成了「生時間」的基礎。

當然，這不是一條通往十全十美的康莊大道。我們仍會遭到

「馬不停蹄」的橫掃，不時被吸進分心的「萬丈深淵」。固然有些策略已成習慣，但其他策略劈啪一聲就失靈了。評估每一天的成果，有助於我們了解**為什麼**會搞砸。這種實驗研究途徑也讓我們得以在犯錯時更善待自己——畢竟每一個錯誤都只是一個數據點，明天永遠可以再試一次。

傑克

　　我想要開始在晚上寫作，但明白看電視的誘惑是一大問題。所以我做了實驗，認真更改自己的預設值：把光碟機收進櫃子、取消訂閱 Netflix。空出來的時間，我便拿來努力寫一本冒險小說，而我堅持下去，只有在合寫《SPRINT衝刺計畫》（*Sprint*）時擱筆。寫作是我從小就想做的事，而生出時間寫作的感覺超棒。

JZ

　　多年來，我跟內人蜜雪兒一直夢想駕船遨遊大海。所以我們買了一艘舊帆船，開始利用週末修繕。我們應用了一天選一項任務、在行事曆排時間完成的策略，順利騰出時間學習柴油引擎的維修保養、電力和航海知識。現在我們已經從舊金山航行到南加州、墨西哥和更南的地方了。

雖然一路跌跌撞撞，但「生時間」韌性堅強。我們給自己找到前所未有的能量和腦袋空間，終於能承擔更大的計畫：以前我們始終抽不出時間去做的那種「有朝一日」的事情。

這些成果讓我們非常興奮，開始在部落格討論對我們有用的「生時間」技巧。有數十萬人讀過那些貼文，其中很多讀者寫信給我們。當然，有些人是想告訴我們，我們是自以為是的低能兒，但絕大多數的回應激勵人心、好得不得了。大家透過移除智慧型手機上的 APP、每天排一件優先事項等策略，體驗到劇烈變化。他們找回煥然一新的活力，覺得快樂多了。那些實驗對很多人有效，不只是我們！誠如一名讀者告訴我們的：「改變簡單得不可思議。」

這就是了，收回對時間和注意力的主導權，可能簡單得不可思議。如同傑克從他的「不分心」iPhone 學到的經驗，改變不需要多強大的自律。改變來自重設預設值、創造障礙、著手設計花時間的方式。一旦你開始使用「生時間」，這些小小的正向轉變就會自我增強。你愈去嘗試，就會愈了解自己，「系統」也會改進得愈好。

「生時間」並不是反科技；我們兩個可都是科技怪咖。我們不要你完全斷線、離群索居。你依然可以像個現代人，在 Instagram 追蹤朋友、讀讀新聞、寄寄 email。但透過質疑當今執迷於效率、處處使人分心的世界裡的那些標準行為，你可以克服科技，**並**奪回掌控權。一旦握有掌控權，你就可以改變全局。

「生時間」
是怎麼運作的

「生時間」只有四個步驟、天天重複

　　「生時間」每日四步驟的靈感,來自我們從「設計衝刺」、從自己的實驗,以及試用過架構並分享成果的讀者身上,所學到的東西。底下的縮圖表現每天應有的樣貌:

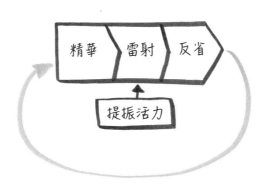

　　第一步是選擇一個「精華」作為當天的優先事項。接下來,你要運用特別的策略來**像雷射一般聚焦**在那個精華——我們會提供一套祕訣,教你怎麼在永不斷線的世界打敗分心。一整天,你要不時

創造**活力**以便持續掌控時間和專注力。最後，你要**反省**這一天，做些簡單的筆記。

　　讓我們拉近鏡頭，更仔細地看看這四個步驟。

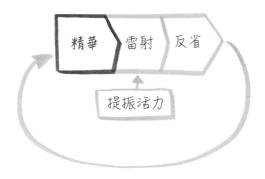

精華：每一天，都從選擇一個焦點開始

　　「生時間」的第一步是決定你想要生出時間**來做什麼**。每一天，你要選擇**單一活動**作為行事曆上的優先、保障事項。那也許是重要的工作目標，例如完成簡報。你也可以選擇家裡面的事情，比如做晚飯或種菜。你的「精華」可以是你不見得**非做不可**，但**想去**做的事，例如跟孩子玩或讀一本書。你的「精華」可以包含數個步驟，例如完成簡報或許包括寫結語、做完幻燈片、排練一遍等等。若把「完成簡報」設為你的「精華」，就是許下承諾要完成所有必須完成的作業。

　　當然，你的「精華」不是你每天唯一要做的事。但那會是你的第一要務。問自己「我這一天要拿什麼當精華？」能確保**你**把時間花在對你重要的事情，不會都在忙著回應別人的優先事項而痛失一整天。當你選好「精華」，就是將自己放進積極主動的心境之中。

　　為助你一臂之力，我們會分享鍾愛的策略，建議你如何選擇每

日精華，並且**真的**生出時間來完成它。但光靠這點還不夠。你也需要重新思考，如何面對可能擋住去路的分心事物，而那就是下一個步驟要針對的情況。

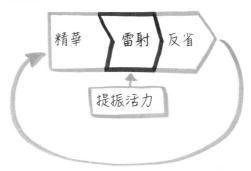

雷射：打敗分心，為你的精華生出時間

諸如 email、社群媒體、新聞快報等令人分心的事物比比皆是，而且不會離開。你不可能住在洞穴裡、扔掉所有機器、發誓寧死不碰科技。但你可以重新設計**使用**科技的方式，來中止這個反應循環。

我們會教你怎麼**調整你使用的科技，以便找出雷射模式**。簡單的改變，例如登出社群媒體 APP 或預先安排檢查 email 的時間，都可能成效卓著——我們會提供你明確的策略來幫助你聚焦。

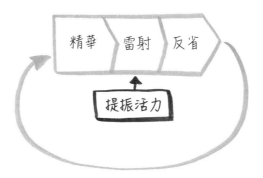

提振活力：用身體替大腦充電

要保持專注、生時間給真正重要的事，你的大腦需要能量，而那種能量來自妥善照顧你的身體。

那就是為什麼「生時間」的第三部分，是**藉由運動、食物、睡眠、沉靜和面對面的時光，來給你的大腦充電**。這沒有乍聽下那麼困難。21 世紀在生活方式上的預設值，忽略了我們的演化史、剝奪了我們的能量。那其實是好消息：正因一切都壞得那麼厲害，所以有很多簡單的修正之道。

提振活力的單元包含許多你可以選擇的策略，包括偷偷睡個午覺；運動，給自己一點肯定；以及學會怎麼戰略性的使用咖啡因。我們並非要求你當個健身狂人或採用古怪的飲食法。相反地，我們將提供的是你能力所及的簡易辦法，你會馬上得到報償：擁有活力去做你想做的事。

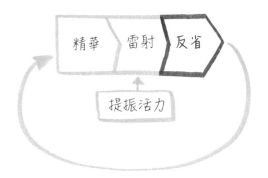

反省：調整、改進你的系統

最後，在上床睡覺前，你要**做點筆記**。那超級簡單：你要決定自己想延續哪些策略[2]，以及想琢磨或放棄哪些策略 。你要回想今天自己的活力有多充沛、有沒有生出時間給你選的精華，以及這一天有什麼事情讓你覺得開心。

假以時日，你會為你獨特的習慣和作息、獨特的大腦和身體、獨特的目標和優先順序，量身打造出一套適合的日常系統。

「生時間」策略：挑選、測試、再做一次

這本書收錄數十種實行「生時間」的策略。有些策略對你有用，有些未必（有些可能聽起來瘋瘋癲癲）。那就像食譜一樣。你不會一次嘗試所有烹飪方式，也不必同時進行所有策略。

你要挑選、測試、再做一次。你可以邊讀邊記下你想嘗試的策略。幫那一頁摺角，或在紙上列張表都可以。請尋找看似可行但有點挑戰性的策略——尤其是聽起來很好玩的策略。

使用「生時間」的第一天，我們建議你從每一個步驟挑一種策略試試。也就是說，挑一種新策略來幫你為你的精華騰出時間；一種新策略來改變你回應分心事物的方式、維持雷射般的專注力；一種新策略來提振活力——總共三種。

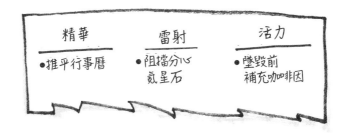

2　或是，如嘻哈團體Rob Base & DJ EZ Rock的不朽名言：「從架上拿下來看看，覺得怪，就放回去。」

你不必天天做新的嘗試。如果現行措施有用，就繼續做下去！但萬一它失效，或你認為還可以更好，每一天都是試驗的機會。你的「生時間」版本將會完全個人化，因為那是你親自打造，你會信任它，而它也會契合你既有的生活方式。

不必追求完美

開發「生時間」的時候，我們埋首書本、部落格、雜誌和科學研究。我們讀過的許多東西都很嚇人。我們看到數百個光鮮亮麗、十全十美的人生：不費吹灰之力便井然有序的高階主管；擺脫蒙昧、深刻感受身心靈的瑜珈大師；按部就班聚沙成塔的作家；輕鬆愜意、左手煎杏鮑菇、右手用噴槍烤布蕾的美食節目主持人。

壓力很大對不對？沒有人可以一直當完美的饕客，有完美的生產力、完美的覺察力，又得到完美的休息。我們就是做不到部落客說的，該在清晨五點前去做的 57 件事。其實，就算我們做得到，也不該這麼做。追求完美也會使人注意力不集中──這也是一個閃閃發亮，把你的注意力從真正要務拉走的目標。

說到「生時間」，我們希望你拋開追求完美的念頭。連試都不要試──世上沒有這種東西！但你也絕對不會搞砸。如果你「故態復萌」，也不必從頭來過，因為每一天都是新的開始。

請記得，沒有人會隨時隨地使用書裡的所有策略。有些策略我們會一直用，有些偶爾用，有些則**從來不用**。有些東西對 JZ 有用而對傑克無效，反之亦然。我們都有自己不完美的配方，而那個配方可視情況調整。傑克旅行時會暫時在手機安裝 email 的 APP，JZ 更是眾所皆知，會不時沉迷 Netflix ──「怪奇物語」（Stranger Things）好好看啊！我們的目標不是遁入空門，而是建立一套可行而有彈性的習慣。

養成「日常」心態

如果你把《生時間》從頭到尾讀一遍，可能會覺得有很多事要做。見鬼了，就算你只是跳著讀——我們建議你跳著讀——可能還是覺得有一大堆事要做。所以，請別把這些策略看作「更多你得去做的事情」，而是要想辦法讓它們成為你日常生活的一部分。那就是我們建議走路上班、在家運動等等，而不建議你買昂貴的健身中心會員，或每天早上上一小時體適能課的原因。

最棒的策略是能契合日常生活的策略。不是你強迫自己去做的事，那只是你去做的事。而多數情況，那些會是你**想要**做的事。

我們有信心，「生時間」會幫助你在你的生活裡創造空間，做最重要的事。而一開始付諸實行，你將發現「生時間」會自我增強。你可以從小處著手。繼續做下去，正向的成果會發揮加乘效應，你將能對付愈來愈大的目標。就算你已經是效率大師，仍可以用「生時間」來讓自己更專注於目前運作良好的事，更心滿意足。

我們沒辦法把你拉出每一場毫無意義的會議，或用魔術將你的收件匣歸零，也不會試圖讓你搖身變成禪學大師。但我們可以幫助你慢下來一點點，把現代世界的噪音調小聲一點，讓你在每一天發掘更多樂趣。

第一篇

精華

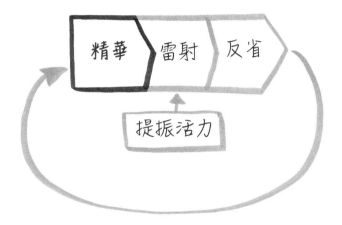

我們不記得日子，
只記得片刻。

──凱薩 ・ 帕韋斯（Cesare Pavese）

如果你想為重要的事情生出時間，「馬不停蹄」會告訴你答案是多做一點。完成更多事項；加強效率；設定更多目標、擬定更多計畫。這是將重要時刻嵌入生活的唯一方法。

我們不同意。做得更多無法助你為要事創造更多時間，只會讓你覺得更焦頭爛額。當你天天都焦頭爛額，時間就會在朦朧之中溜走。

這一章的宗旨就是驅散那樣的朦朧，慢下腳步，真正感受你想要品嘗的片刻，記在心中，而非匆匆度過、趕往待辦清單的下一件事。這個概念相當簡單，但我們老是把它變複雜，把人生歲月拱手讓給天旋地轉、天昏地暗。

遺忘的時光

JZ

時值2008年初，芝加哥史上雪下得最多的隆冬才剛開始。白晝很短，街上亂七八糟。每天上班就像和大自然搏鬥。一天我醒來，驚駭地發現，過去兩個月的事，我完全想不起來。

別驚慌。我沒有罹患什麼可怕的疾病，也不是無意間捲入電影「神鬼認證」（Jason Bourne）那類的CIA陰謀。但情況還是很嚴重。前幾個月就這樣莫名消失，無影無形，不留痕跡。

我**想要**記得那段時間，因為那時一切進行得很順利。我有好工作、很棒的女友、摯友都住在附近。外人可能會看著我的生活說：「他彷彿活在夢裡。」那麼，我為什麼會和我夢幻般的生活現實，感覺如此疏離？

我不知道哪裡出了錯，我當然很想把它揪出來。所以很自然地，我開始實驗。

我開始提高生產力。我以為如果把一天塞進更多事情，就有更多事情可以記得。兩年前，在任職一家步調快速的科技新創公司期間，我開始執迷於充分利用每一刻。我把工作規劃組織得井然有序；每天處理、清空收件匣；甚至在口袋裡放了一疊記事卡片，以便隨時捉住自然湧出的想法或靈感。沒有哪個思考的片刻可以浪費！

那在辦公室裡運作得非常好，所以我不禁好奇：這種生產力解方也能幫助我充分利用在家裡的時間嗎？我開始把生活視為一個要用分類待辦事項清單、嚴謹的行事曆和荒謬的歸檔系統解決的問題。

那毫無成效。我變得非常拘泥於小事，日子溜掉得甚至比之前還快。朦朧感變本加厲。爛透了。

　　我決定全面檢修我的方法。我不再著魔般地管理分分秒秒，我放眼長期。我列了一年目標、三年目標、五年目標，請女友過目並和我討論（隔年她和我結婚，所以我猜她起碼和我其中**一個**目標是有共識的）。

　　設定目標看似比優化待辦清單來得有意義，但我仍覺得漂泊不定——這些目標太遠了，無法給我動力。此外還有其他問題：萬一我的優先順序變了怎麼辦？我突然了解，我一直在努力達成一個對我不再重要的目標。過著「有朝一日」的生活令人洩氣。引用作家詹姆斯・克萊爾（James Clear）的話——我基本上是在說：「我還不夠好，但等到達成目標，我就夠好了。」

　　我的實驗沒有成功。我卡在逐日的細節和太遠的目標之間，陰鬱的二月和三月天更是絲毫提振不了我的心情。但最後，冬天結束，春去夏來，鳥兒開始歌唱，幾乎純屬偶然，我開始看見我尋尋覓覓的解決之道了。

　　我明白，我不需要鉅細靡遺的待辦清單，也不需要精心製作的長期計畫。相反地，有助於驅散那些朦朧的，是簡單但滿足的活動。例如，我開始每星期五和一群朋友到鎮上另一邊的餐廳共進午餐。我每星期都期待這一天到來。其他幾天，我會在下班後沿著湖畔慢跑。如果天氣夠好，我有時會早點離開辦公室，走到港灣，駕船航行好幾個小時到夕陽西下。較長的白晝和溫暖的夜晚當然有幫助——那一年的夏天來得正是時候。我很幸運偶然碰見一個能為每一天增添意義的方式，也很幸運能

認清，那就是能解決我的問題的辦法。

　　幫助我驅散朦朧的不只是辦公室外面的方案。看到騰出時間進行那些活動有多大的助益，我開始也把工作當成更有意義的活動看待。我不再拚命在待辦清單上打勾，不再急著在回家前清空收件匣，反倒著眼於重要且能帶來滿足感的成就。某天我發現，自己很期待對高階主管發表一份重要簡報，我明白那跟坐午餐約會、湖濱慢跑和傍晚航行獲得的滿足感相當類似。我開始不再那麼看重待辦清單，更在意有實質意義的專案，例如主持設計工作坊與花一天時間與工程師修正軟體的程式錯誤。

　　當然，我的生活不是只有社交餐敘和工作的里程碑。我還有林林總總的俗事要完成，比如回覆email、維持住家整潔、在到期日前把書還給圖書館等等。而我**確實**完成了那些事，只是不再把最大的注意力集中在那些事情上。

　　仔細回想遺忘的那幾個月，以及是什麼幫助我驅散時間的朦朧感，我領略出一個道理：我喜歡思考遠大崇高的目標，我擅長一個鐘頭接一個鐘頭把事情完成，但這兩件事都無法真正令我心滿意足。我最開心的時候，是能牢牢掌握眼前──比待辦清單來得長，但比五年期目標來得短的一段時間──某件事物的時候。某項我可以計劃、期待，並在完成時滿懷感激的行動。

　　換句話說，我需要確定每天都有一個精華。

　　我們相信，著眼於這些「居中」──位於目標與任務之間──的行動，是慢下腳步、給日常生活帶來滿足，和協助生出時間的關鍵。長期目標對於指引你往正確方向前進頗有幫助，卻會使你難以沿途享受工作的時光，而任務是完成事情所不可或缺，但萬一缺乏焦點，任務就會像一陣過眼雲煙，不著痕跡。

　　很多勵志大師都提供我們設定目標的建議，很多生產力專家則創造了各種完成工作的系統，但這兩者之間的空間遭到忽略。這個被遺忘的一塊，我們叫它「精華」。

任務　太像機器

精華目標

剛剛好　太遙遠

你今天的「精華」是什麼？

我們希望你在每一天的開始，想想你希望這天會有什麼亮點。如果在這天結束時有人問你：「你今天的精華是什麼？」你希望答案是什麼？當你回首這一天，你希望回味哪項行動、哪個成就或哪個片刻？那就是你的「精華」。

你的「精華」不是每天唯一要做的事。畢竟，我們大多時候無法棄收件匣於不顧，或向老闆說「不」。但選擇一個精華能給你積極運用時間的機會，而不是讓科技、辦公室的預設值和其他人幫你指定工作。雖然「馬不停蹄」說你每天都該試著盡量提高生產力，但我們知道聚焦在你的優先事項比較好，就算那意味你無法全數完成待辦清單上的一切。

你的「精華」可以給予每天一個焦點。研究顯示，你經歷每一天的方式主要不是由**你**發生的事情決定。事實上，你是透過選擇**你要關注**的事情來創造自己的現實[3]。那或許看來沒什麼大不了，但我們覺得它至關重要：你可以選擇要專注於什麼事情，以此來規劃你的時間。而你的每日精華就是你專注的標的。

聚焦在每日「精華」，可以中止「萬丈深淵」的分心事物和「馬不停蹄」的諸多要求之間的拉鋸戰。它會揭露第三條路線：刻意聚精會神於你要花時間的方式。

挑選「精華」的三種方式

選擇你的每日「精華」，就從問自己一個問題開始：

我想要什麼事情做我今天的「精華」？

這個問題不見得那麼容易回答，特別是你剛開始使用「生時間」的時候。有時你會接獲許多重要任務。也許其中有一個是你特別興奮的（烤生日蛋糕）、一個期限迫在眉睫（做完幻燈片），甚至有份棘手的工作讓你備覺困擾（把捕鼠夾放在車庫裡）。

所以，你該怎麼選擇呢？我們會用三種不同的標準來選擇「精華」。

一、急迫性

第一個策略是急迫性：**我今天必須做的最迫切的事情是什麼？**

你可曾花了好幾個鐘頭翻攪 email 和參加會議，當太陽下山才發現你沒有留時間給那件你**真的**非做不可的事嗎？有，我們曾經如此。很多很多次。每當發生這種事，我們都覺得好慘。噢，後悔啊！

3　引人入勝的研究摘要，以及它如何應用於工作和生活，請參閱溫妮芙芮・蓋勒（Winifred Gallagher）的著作《全神貫注》（*Raft*），那是 JZ 的愛書之一。

如果你有什麼今天一**定**要完成的事，讓它成為你的「精華」。你通常可以在待辦清單、email 或行事曆上找到急迫性的「精華」——尋找有時效性、重要、中等規模的案子（換句話說，不是花十分鐘就能完成，但也不用花到十小時）。

你的急迫性「精華」可能是下列其中之一：

- 完成報價，寄給希望在週末前拿到報價的客戶。
- 為你策畫的活動徵求餐飲和場地的提案。
- 在朋友抵達前準備好晚餐。
- 幫女兒完成明天要交的重要學校作業。
- 編輯和分享家人急著要看的度假照片。

二、滿足感

第二個「精華」的選擇策略是考慮滿足感。**從各方面來看，哪一項「精華」能帶給我最大的滿足感呢？**

第一種策略是關於**必須**完成的事情，這種策略則是鼓勵你著眼於你**想要**完成的事。

同樣地，你可以從待辦清單著手。但這次不要考慮期限和優先順序，改走另一條途徑：想想暗藏在每一個準「精華」背後的成就感。

尋找不急迫的活動。考慮你一直打算找機會去做，卻一直抽不出時間的計畫。或許你擁有某種一直想實際應用的技能，或許是你想發展某項純屬個人喜好、之後想跟全世界分享的計畫。這些計畫超級容易一延再延，因為它們雖然重要，卻沒有時間壓力，拖延不是難事。用你的「精華」來破除「有朝一日」的循環吧。

這裡有幾個帶來滿足感的「精華」例子：

- 完成讓你興奮的新工作計畫提案，並和一些信任的同事分享。
- 研究下一次全家要去哪裡度假。
- 為你小說的下一章寫 1,500 字的草稿。

三、樂趣

第三個策略著眼於樂趣：**當我回想今天種種，哪一件事會帶給我最大的樂趣？**

生活不是每分每秒都得充分利用，做最有效率的安排。我們設計「生時間」的目標之一，是引領你離開不可能實現的完美計畫的日子，前往多些樂趣、少點回應的生活。也就是說，做一些只因你喜歡做而做的事。

在其他人眼中，你有一些充滿樂趣的「精華」或許看來像在浪費時間：坐在家裡讀本書、跟朋友約在公園玩飛盤，甚至是玩填字遊戲。但我們不這麼認為。對自己要怎麼運用時間一點想法也沒有，才是在浪費時間。

各式各樣的「精華」都可以帶給你愉快。下面是幾個例子：

- 參加朋友的喬遷派對。
- 用吉他彈一首新歌，彈到滾瓜爛熟。
- 和你愛搞笑的同事一起享用午餐。
- 帶你的孩子去遊樂場。

信任直覺，選擇最好的「精華」

你該在哪一天使用哪一種策略？我們認為選擇「精華」的最好方法是信任你的直覺，以此來決定**今天**最適合選用急迫的、愉快的或是滿足的「精華[4]」。

一個經驗法則是，**選擇會花 60 到 90 分鐘的「精華」**。如果花

不到 60 分鐘，你可能還沒進入聚精會神的狀態，但超過 90 分鐘的專注，多數人會需要喘口氣。60 到 90 分鐘恰恰好。那讓你有足夠時間做有意義的事，加進行程也合情合理。運用這一章和整本書提供的策略，我們相信你一定可以為你的精華生出 60 到 90 分鐘。

剛開始，選擇「精華」也許感覺起來很奇怪，或很困難。如果你碰到這種情況，別擔心，那很正常。你會漸入佳境、慢慢熟悉，選擇會變得愈來愈簡單。請記得，你不可能搞砸的。因為「生時間」是一天的系統，無論發生什麼事，你永遠可以改絃易轍，明天再試一次。

當然，你的「精華」不是魔法。決定哪天把精神集中在哪裡，不代表那會自動發生。但要在你的生活騰出更多時間，刻意用心是必不可少的步驟。選擇一個「精華」可讓專注於優先事項成為預設值，你就會把時間心力花在重要的事情上，而非回應現代生活的分心事物和各種要求。

傑克

每一天，選擇（或改變）你的精華永遠不嫌晚。不久前，有一天我倒楣透了。早上，我計劃讓編輯100頁《生時間》原稿，成為這一天的「精華」，但從早到晚我一直被其他事情打斷，從水電問題、頭痛欲裂到意外的晚餐訪客。下午，我明白自己可以改變「精華」和改變心態。我決定放棄編輯的目標，把焦點改成享受和朋友共進晚餐。當我做了那個選擇，這一天立刻產生180度的轉變。我可以拋開壓力、放鬆心情了。

　　在 2008 年失去冬季幾個月後，JZ 並非靈光一閃而想出「精華」這個概念。但他的觀察心得：平常的滿足感來自中等大小的精華，而非瑣碎的任務或崇高的目標，確實播下了種子，而後長成我們用來計劃每一天的哲學。

　　現在我們每天都會挑個「精華」[5]，並設想一連串戰略來幫助我們將意向化為行動。有些策略是每天都要做的，例如把「精華」排進行程（#1），有些是偶一為之，例如將多種日常「精華」串連起來，形成某種個人衝刺（#7）。

　　接下來是一系列在你的每一天選擇「精華」，並為它生出時間的策略。在閱讀後續幾頁的策略時，請記得挑選、測試、再做一次的真言。把聽起來有幫助、好玩又有點挑戰性的策略記下來。如果你才剛開始使用「生時間」，一次聚焦在一個「精華」策略就好。如果奏效，就讓它成為例行事務。如果你還需要幫助來選擇並騰出時間給你的「精華」，再回頭增加一個你想要嘗試的策略。現在，讓我們開始凸顯對你最重要的人物、計畫和工作，讓他們成為「精華」吧。

4　當然，如果有哪件事情同時落入這三種類型，那你當然非選它不可了！

5　好啦，幾乎每一天。請記得，故態復萌沒有關係。

精華策略
—— 選擇精華

1. 記下來
2. 今日暫停（「再過一次昨天」）
3. 給你的生活排順位
4. 批次處理小事情
5. 擬辦清單
6. 燒爐清單
7. 起動個人衝刺

1. 記下來

　　沒錯，我們知道這聽來沒什麼，但寫下你的計畫其實有種特殊、近乎神奇的力量：你寫下來的事情更可能實現。如果你想為你的「精華」騰出時間，就從把它寫下來開始。

　　讓「寫下精華」成為簡單的日常儀式。你隨時都可以做，但對多數人來說，晚上（睡前）和早上的效果最好。JZ 喜歡在晚上放鬆一下時，順便想想明天的「精華」。傑克則在上午吃早餐到開始工作之間的某個時間，選擇他的「精華」。

　　你該在哪裡記錄你的「精華」呢？你有很多選擇。坊間有會天天提醒你把它記下來的 APP（請上 maketimebook.com 參考我們的推薦）。你可以把「精華」視為一整天的活動，寫在行事曆上。你也可以記在筆記本。但如果要我們選一個記下精華的方式，我們會選便條貼。便條貼容易取得也容易使用，而且不需要電池或更新軟體。

　　你可以寫下「精華」後便再也不瞧它一眼，也可以貼在筆電、手機、冰箱或辦公桌上，堅定而溫柔地提醒你那件今天想騰出時間做的大事。

2. 今日暫停（「再過一次昨天」）

不確定要選什麼做你的「精華」嗎？就像電影「今天暫時停止」（Groundhog Day）裡的比爾 · 莫瑞（Bill Murray），你也可以再過一次昨天。重複「精華」有幾個很好的理由：

- 如果你沒有著手處理你的「精華」，那或許依然重要。**重複昨天，給它第二次機會吧。**
- 如果你著手處理了卻沒有完成，或者你的「精華」是更大計畫的一部分，今天就是取得進展或起動個人衝刺（#7）的好日子。**重複昨天，增添動力吧。**
- 如果你在建立某種新技能或慣例，你會需要重複來強化行為。**重複昨天，養成習慣吧。**
- 如果昨天的「精華」帶給你愉悅或滿足，嘿，多多益善啊！**重複昨天，延續美好時光。**

你不必天天絞盡腦汁、重新發明。一旦你鑑定出某件對你重要的事，日復一日聚焦於它，將有助於它在你的生活生根、欣欣向榮。聽起來像胡謅，但千真萬確。

3. 給你的生活排順位

如果你對於選擇某個「精華」覺得為難，或者在比較生活的優先順序時感到衝突，不妨試試這個給重大要務排順位的配方：

原料：

● 一枝筆

● 一張紙（或者手機的筆記 APP）

1. 把生活中重要的事情列成一張表

這不光指工作，這張表也可以包括「朋友」、「家人」或「親子」，可以包括對你意義重大的其他人事物；如果你有意尋找「意義重大的對象」，也包括「約會」。除了工作，你也可以列入嗜好（足球、畫畫）。你的大事可以籠統如「工作」，也可以具體如「升遷」或「阿波羅計畫」。其他值得考慮的類別還有健康、理財和個人發展等等。

- 只納入大事，試著用兩、三個字的標題。（讓這張表維持高水準）
- 先不要排順序，寫下來就對了。
- 列出 3 到 10 項。然後……

2. 選擇最重要的一件事

這說得比做得容易，但你做得到！這裡提供一些訣竅：

- 考慮對你最有意義，而非最急迫的事。
- 考慮需要花最多心力或作業的事。例如，運動也許非常重要，但如果你已經建立穩固的習慣，可能要將焦點轉移到別的地方。
- 聽心裡的聲音。比方說，你可能認為該將「工作」置於「學小提琴」之前，但真的希望把拉小提琴放在第一順位，嗯，那就這麼做吧！
- 別緊張，這張表不是定案。你永遠可以在下個月、下星期、明年，甚至今天下午做新的排名。
- 只要選好最重要的事項……

3. 選擇第二、第三、第四、第五重要的事。
4. 按照優先順序重新列表。
5. 把第一名圈起來

　　如果你想要在你的第一順位取得進展，你需要盡可能讓它成為焦點。把它圈起來可以強化優先的感覺──這象徵你已經下定決心。

6. 用這張表幫助你選擇「精華」

　　四處張貼這張表，提醒自己你有一個最高優先事項──當你不確定如何在兩項活動之間分配心力時，這是決勝關鍵。

> **傑克**
>
> 我要分享我自己的兩張表。第一張是2017年8月的：
> 1. 家人
> 2. 寫《生時間》
> 3. 寫小說
> 4. 顧問及研討會

一個月後，即9月，我給四個項目重新洗牌：

1. 寫《生時間》
2. 家人
3. 顧問及研討會
4. 寫小說

沒錯，我把家人降到第二順位。你這人怎麼這樣啊！可是那時我知道我得加足馬力寫《生時間》，才能在10月JZ離開鎮上航向墨西哥之前完成初稿。我的家人狀況不錯：孩子過完暑假回學校上課了，那個暑假我們聯手完成了幾項計畫，也一起旅行，我們已經建立良好的預設值，知道怎麼共度時光。把家人移到第二順位不代表忽視他們，那僅意味對自己誠實，坦承我最需要把焦點擺在什麼地方。

4. 批次處理小事情

當你知道有數十項任務堆積如山，就很難聚焦在你的「精華」了。我們都有同樣問題。事實上，JZ 今天的「精華」就是完成這個策略的草稿，但在這個星期的某個時間點，他同時也得追上email（他上星期去旅行，所以落後了）和回幾通電話。

幸運的是，我們有解決方案：把瑣碎的任務捆起來，運用批次處理，在一個「精華」時段通通完成。換句話說，把批次處理小事情當成一件大事。例如這個星期的某一天，JZ 的「精華」將是「追 email」和「回電話」。

這些小任務或許聽起來不像是「精華」的素材——不會有人希望能為 email 生出時間——但趕上進度會帶來意外的滿足感。當你一次趕上進度，而非不斷試著清空收件匣或待辦清單，就能大幅增加那種滿足感。

　　不要天天都這麼做就好。這是偶一為之的策略,用來處理那些非做不可、眼看就要入侵日常生活的瑣事和任務。你會在你**沒有**使用它的日子了解這種策略真正的力量:明白你可以安全無虞地忽略小又不急的任務,任它們堆積到你專心處理「精華」的那一刻。畢竟,有了批次處理小事情的策略,你已經做好趕上進度的計畫。

策略之爭:待辦清單

　　請記得,並非所有策略都適用於所有人,我們兩個也不例外。有時候,對於某種策略是否真的行得通,我們也會意見分歧(我更有活力是因為在午休時間補充咖啡因【#72】,還是純粹因為午休?)。有時我們會有不同的客觀成果。當意見不合時,我們不會給我們的意見打折扣,而會一併提出互相矛盾的建議,正面對決,讓你自己實驗、自己判定適合哪一種。

　　有件事情我們倒是很有共識:我們恨透了待辦清單。給完成事項打勾的感覺很好,但這種浮光掠影般的成就掩蓋了一個醜陋的真相:大部分的待辦清單只是在回應他人的優先事項,不是你的。無論你完成多少任務,任務永遠也做不完——永遠有更多待辦事項等著卡進來。待辦清單只是在永久延續糾纏現代生活的「做不完」的感覺。

　　待辦清單也可能遮掩真正重要的事。我們都很容易選擇阻力較小的途徑，特別是當我們疲倦、受到壓力、頭昏腦脹，或就只是忙的時候。待辦清單會使情況惡化，因為它會把簡單的任務和困難但重要的任務混在一起。當你使用待辦清單，你是在誘惑自己拖延重要的任務，改而匆忙完成簡單的事項。

　　但待辦清單並非一無是處。它能幫你掌握要做的事，你就不必通通記在大腦裡。待辦清單讓你在一個地方看到所有事情。它是必要之惡。

　　所以，儘管我們對待辦清單深惡痛絕，我們仍須使用它。多年下來，我們兩個對此都已發展出自己獨特的技巧。當然，我們兩個都認為自己的辦法最好，所以我們都寫出來，給你決定囉。

5. 擬辦清單

JZ

　　關於待辦清單的問題，我的解決之道是把「決定要做的事」和「真正去做的事」分開。我管它叫「擬辦清單」。顧名思義：那是一連串你**可能**會去做的事。計畫會先待在擬辦清單，直到你決定讓它們成為「精華」，列在行事曆上為止。三者像這樣結合：

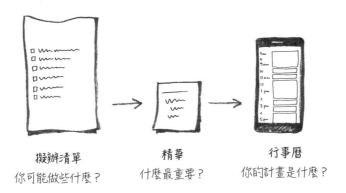

擬辦清單	精華	行事曆
你可能做些什麼？	什麼最重要？	你的計畫是什麼？

　　當你沒做計畫時，會特別容易想走阻力最小的路徑。但如果你從擬辦清單選走一件要務，讓它成為這天的「精華」並放上行事曆時，你會知道你已經針對如何運用時間做了深思熟慮的決定，便能將心力投注於手邊的任務。

　　擬辦清單可以幫助你，避免在辦公室裡或個人計畫方面陷入待辦清單的無限迴圈。2012年，我和內人買了第一艘帆船。2016年，我們賣掉了那艘，買了另外一艘。每一次，我們都不是只買一艘船，而是承擔一項大計畫。要讓船做好出海的準備，有名副其實數百件待辦事項要做，從瑣碎的（裝毛巾架）到緊要的（替給水管消毒，讓飲水安全無虞）。如果我們直接用待辦清單工作，一定會不知所措。所以我們改用擬辦清單幫助我們更有條理（和沒發瘋！）、確保我們騰出時間做重要的工作，而不是避重就輕，一天一天浪費在簡單的事情上。

　　擬辦清單是這樣運作的：在開啟一天的船務工作前，我們會拿著擬辦清單討論我們**可以**做的每一件事。我們會用三種「精華」標準——急迫性、滿足感和樂趣——來選擇**今天**要做的重要工作，然後放到行事曆上，盡可能準確估計需要的時間。具體指定的時刻一到，我們就會現身船上，工具與咖啡在手，還握著這一天的計畫。這能協助我們保持刻意和專注，讓我們在結束每一天時能有深深的滿足感和成就感。

6. 燒爐清單

傑克

　　我喜歡JZ「擬辦」架構的概念，但我需要比較詳細的東西來幫助我選擇和追蹤重要的「精華」。我的方法叫「燒爐清單」。它不會追蹤每一個案子的每一個細節，或幫助你同時進行一百萬件任務。但那就是重點所在。燒爐清單是故意有所限制。那迫使你承認自己沒辦法承攬落到你頭上的每一項計畫或任務。就像時間和心力，燒爐清單是有限的，因此能強迫你在需要時說「不」，把注意力集中在第一優先事項。以下是燒爐清單的製作方法：

一、把一張紙分成兩欄。

　　拿一張空白紙，在正中央畫一條線，把它分成兩欄。左邊的欄位將是你的前爐，右欄則是你的後爐。

二、把你最重要的計畫放在前爐。

　　你只能在前爐放唯一一項計畫、活動或目標。不能放兩項、不能放三項——只能放一項。

　　在左上角寫下你最重要的計畫名稱，並畫底線。然後列出那項最優先計畫的待辦事項。那應該包含你在未來幾天內能做的推進計畫的任務。

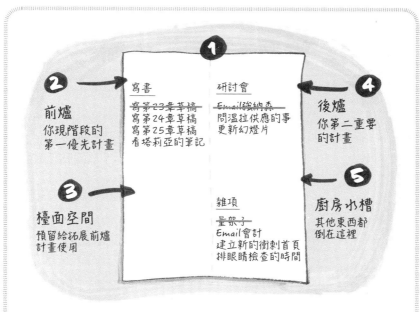

三、預留一些檯面空間。

　　第一欄的其他部分保持空白。你也許很想用你想得到的一切任務把空間塞滿，但「燒爐清單」的用意不在有效地把這張紙填滿，而在於妥善利用你的時間和心力。留白給予你空間，為第一優先計畫增添更多冒出來的任務，但同樣重要的是，額外的視覺空間讓你更容易聚焦於重要的事情。

四、把你第二重要的計畫放在後爐。

　　在右邊欄位的頂端寫下你次要計畫的名稱，並畫底線，然後在底下列出相關的待辦事項。

　　這個概念是比照你用火爐做菜的方式，來管理你的時間和注意力。你自然要將大部分的注意力集中在前爐。當然，你也知道後爐有東西，可能偶爾會伸手過去攪一攪鍋裡的湯或給煎餅翻面，但前爐才是火最旺的地方。

五、弄個廚房水槽

　　最後,在右邊欄位的下半部,列出形形色色你需要去做但稱不上第一或第二計畫的任務。那些是屬於第三計畫、第四計畫或完全隨機都沒有關係;把它們和其他東西一起倒進廚房水槽就是了。

　　燒爐清單不會有容納每一件事的空間,而那表示你必須放棄沒那麼重要的事情。但同樣地,那就是重點所在。我發現我一次只能(或應該!)承受一項大計畫、一項小計畫和三、四項零碎的任務。不適合寫在這張紙上的東西,就不適合進入我的人生。

> 　　燒爐清單可以拋棄，每當我劃掉一些已完成的待辦事項，就會把它拿去「軋」掉。我的一張表通常只會「燒」個幾天便重新創造，周而復始。重新創造的舉動非常重要。那讓我得以捨棄一些未完成而不再重要的任務，也讓我能夠重新考慮**當下**哪一項計畫該放在前爐，哪一項該放後爐。得到最高順位的有時是工作專案，有時是個人計畫。我們可以更動項目，那是自然不過的事。重要的是，一次只能在前爐擺一項計畫。
>
> 　　快動手吧！

7. 起動個人衝刺

　　每當你展開一項計畫，你的大腦就像電腦開始運作，將相關資訊、規則和處理程序載入工作的記憶體。這種啟動（boot up）要花時間，每當你展開新計畫，就必須進行某種程度的重新啟動。

　　這就是為什麼在我們的「設計衝刺」中，團隊要連續五天進行同樣的計畫。資訊從這天到隔天都會留在人們的工作記憶體裡，讓他們能愈來愈深地鑽研挑戰。於是，我們的成果會比同樣的工作時數分散在數個星期或數個月好上數倍。

　　這樣的衝刺不僅適用於團隊，你也可以起動「個人衝刺」。不論你是要給客廳刷油漆、學習雜耍、準備給新客戶的報告，如果你連著幾天做，會做得比較好又比較快。請連續幾天選擇同樣的「精華」（如果需要，可分解為數個步驟給每一天進行）、讓你心智的電腦維持運作。

64

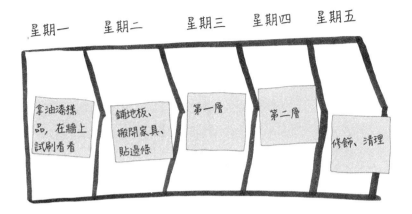

傑克

　　我曾在寫作方面見到成效。長時間休息後的第一天最難。我可能寫不了多少東西，因而備感挫折和不安。第二天仍舊很慢，但我覺得開始啟動了。到了第三、第四天，我就進入狀況了——而且我會竭盡所能維持那股動力。

精華策略

————為精華生時間

8. 替精華排時間

如果你想為你的「精華」生時間，請從行事曆著手。就像寫下「精華」（#1），這個策略再簡單不過：

(1) 想想你想為你的「精華」花多少時間。
(2) 想想你想什麼時候做你的「精華」。
(3) 把你的「精華」寫在行事曆上。

替某件事排定時間，就是對自己許下承諾，傳給自己一則簡短的訊息：「我會做這件事。」但替「精華」排時間還有另一個重要的效益：強迫你正視時間分配的問題。比如你今天的「精華」是買食材和下廚做晚飯給家人吃。你想：「晚餐應該在七點前上桌，不然孩子就沒辦法按時上床睡覺。所以我需要六點開始做菜，意思是我得在五點離開辦公室，才有時間在回家的路上去超市。」於是你在行事曆上的下午五點填上「下班」。

　　一旦給「精華」排定時間，那段時間就被占用了。你沒辦法再排進任何會議或投入任何其他活動。萬一有其他事情冒出來，你就必須決定是要排進「精華」以外的時間呢，還是讓它們等。你可以看到你的優先事項在行事曆上成形了。

JZ

　　剛進社會時，我沒有很多會要開，所以從沒用過行事曆，但我有待辦清單。我每天一進辦公室，看一眼待辦清單後都會想：「我今天該做什麼呢？唔，做那個好了！」所以我挑了某件看似簡單且有時效性的事便上工了。但下班時我常感到失望：我做的未必是最重要的事，而且清單上列的事項，我從來沒有全部完成過。

　　後來，我進了Google工作。在Google工作一定要用共享行事曆。你不僅需要用它來記錄會議時間（很多會要開），同事也看得到你的行事曆，可以直接在你的行事曆填上會議邀請你來參加。

　　出人意表的是，正是Google忙碌、有大量會議的文化──以及非用行事曆不可──幫助我生出時間做我覺得重要的事情。有了行事曆，我可以看到我是怎麼運用時間的，我的同事也看得到。正因我的行程變得瘋狂，我明白如果想生出時間給我的「精華」，就必須幫它在行事曆排時間。

69

9. 鎖住行事曆

如果你是從空白的行事曆著手,可以給你的「精華」安排理想的時間,也就是你精力最旺盛、專注力正值高峰的時候。但對多數人來說,從空白行事曆開啟一天的可能性,就像在人行道上找到千元美鈔一樣:當然**可能**發生,但最好不要指望[6]。如果你工作的地方,同事可在你的行事曆上添增會議,那就忘了這回事吧。你得另闢蹊徑:運用每天的「不排行程」區塊,來為你的「精華」騰出空間。

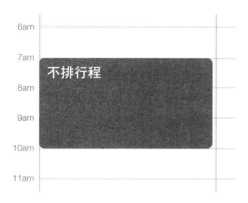

JZ 是從他的朋友葛拉姆 · 簡金(Graham Jenkin)那裡學到這招。2007 年及 2008 年,葛拉姆是 JZ 在 Google 的主管,在 JZ 眼中,葛拉姆簡直無所不能。他管理大概二十個人,而且關心每

6　依據不容置疑的維基百科:「據悉,截至二〇〇九年五月三十日,坊間只有336張萬元美鈔存在;五千元美鈔還有342張;一千元美鈔還有165,372張。」所以,睜亮雙眼啊!

一個人、給每一個人真正的支持。他也主導 Google 旗艦廣告商品 AdWords 的重新設計。這代表他要參與從設計使用者介面、顧客測試、審核規格到和工程師協調合作等一切事務，大家都懷疑葛拉姆是從哪裡找到時間的，而多數人（包括 JZ 在內）都認為他的工作時間一定很長。但他們都錯了。

在許多方面，葛拉姆的作息跟一般公司經理如出一轍。每天都被會議塞滿，但他的行事曆上有一點非比尋常：每天，從上午 6 點到 11 點，葛拉姆都把時間留給自己。

「那是我的時間。我起得早、早進辦公室、上健身房、匆匆吃點早餐，然後工作 2 個小時到會議開始，」葛拉姆說。

「別人不會在那段時間安排會議嗎？」JZ 問。

「他們有時會試，但我告訴他們我已經有計畫了。」

10 年後，我們依然沿用葛拉姆的招數，來為我們的「精華」爭取時間。一路走來，我們又拾獲幾個訣竅：

進攻，別防守。別光用「不排行程」區塊來躲開同事或逃避會議。要非常刻意地運用任何你鎖起來的時間，讓它變成「活力」時間或「精華」時間。

別貪心。我們**確實**說你該鎖住行事曆，但你不該通通填滿。預留未上鎖的空間給未知的機會是好事，你的同事也會感激你抽空配合。剛開始實行這個策略時，你可以從一天封鎖一、兩個小時開始，再往上加。

認真看待。如果你不認真看待這些承諾，其他人也不會認真看待。把這些時段當成重要的會議對待，當有人試著再跟你敲時間，記得葛拉姆那句簡單又有效的回覆：「我已經有計畫了。」

10. 推平行事曆

如果你無法封鎖你的行事曆，還有一個辦法可以為你的「精華」清出時間：推平它。

想像有部小推土機直直駛過你的行事曆，把事情推到旁邊去。這部推土機或許能壓縮這場會議 15 分鐘、那場會議半小時。那可能會從把你的一對一談話從早上推到下午，或把你的午餐時間後推半小時，讓你能拿到整整 2 小時的「精華」時間。推土機甚至可以把你的所有會議堆到一星期中的一、兩天，把其他幾天空出來做單獨的工作。

無可否認，如果你是主管，動用推土機會比你是實習生容易[7]，但你對行事曆的掌控權可能比你想像中來得大。告訴別人你有其他要事，問他們能否早一點或晚一點開會或很快聊一下、不要開一整個小時，不會有什麼危害。事實上，看到會議縮短或從行事曆上消失，大家通常興奮都來不及。

我們習慣答應開會的要求，是因為那是幾乎所有辦公室文化的預設值。但千萬別想當然地以為每一場會議的長度、在你行事曆上出現的時段、甚至**你**為什麼受邀參加，背後都有充分的理由。辦公室的日程表不是什麼宏觀設計，它們是由有機物凝結而成，就像池塘的浮渣。把東西清理乾淨是可以的。

---

[7] 如果你有辦法要執行長調動每季全員大會的時間，讓你可以睡個午覺，嘿，你就厲害了。

11. 爽約生時間

有些日子，有些星期，你覺得忙碌不堪、行程過滿，不敢想像怎麼生得出時間給你的「精華」。萬一碰到這種情況，問自己可以刪掉什麼。可以跳過一場會議嗎？可以延後期限嗎？可以放棄和某個朋友的約定嗎？

我們知道，我們明白。這種心態聽起來很要不得。就連《紐約時報》都在哀嘆今日「最後關頭取消」的文化，說現在是「放鴿子的黃金年代」。

你知道嗎？我們認為，只要你能做更值得的事，放鴿子是沒有關係的。當然，你不能每次都來這一套，但在盲從行事曆和靠不住之間，仍有相當大的中間地帶。

老實說，解釋你為什麼無法履約，別再放在心上。放鴿子不是好的長期策略；慢慢地，你會體悟自己可以承擔多少承諾，而仍能為「精華」生出時間。但此時此刻，稍微得罪人比老是把你的優先事項延到「有朝一日」來得好。該爽約就爽約。不要覺得愧疚。如果有人抱怨，就告訴他們，我們說沒關係。

12. 說「不」就對了

封鎖、推土和放鴿子，是為你的「精華」生時間的好法子。但要脫離低順位的義務，最好的辦法是一開始就不要接受。

對我們兩個人來說，說「不」並非輕而易舉之事。我們是那種天生難以拒絕的人。這部分是出於善良——我們希望可以面面俱到，而且想要幫忙。但老實說，那部分也是因為沒膽。說「好」容易多了。對邀請或新計畫說「不」的感覺可能很不自在；正因為沒

有勇氣直率地拒絕交託，我們已經損失好多小時、好多天、好多星期的「精華」時間。

但我們努力解決這個問題，我們已經發現，預設說「不」會快樂得多。幫助做成改變的是，我們因應各種情境研擬了腹案，這樣就會隨時知道**怎麼**說「不」了。

你全心投入「精華」，真的沒有時間嗎？「抱歉，我真的在忙一些大案子，目前沒有時間給任何新的事情。」

你可以擠出時間參與新計畫，但擔心沒辦法投入充分關注嗎？「很遺憾，我沒有時間把這件事做得很好。」

獲邀參加你知道無法樂在其中的活動？「**謝謝邀請，但我對壘球真的沒興趣** [8]。」

簡單地說，**態度親切，但要實話實說**。這麼多年來，我們聽說過許多踢皮球、編造藉口或無限延期的巧妙話術，也試過其中一些。但感覺不好，不老實。更糟的是，那只是把困難的決定延後，不置可否地反倒會增加你的負擔、像藤壺附著船殼般纏住你不放。所以，放棄那些花招、甩掉藤壺，說實話吧。

你現在拒絕這項請求，不代表未來你不能答應。同樣地，說真心話：「真的謝謝你邀請我，下次再跟你出去玩。」或「你請我幫忙對我意義重大，希望未來能有機會合作。」

我們的朋友克莉絲汀・布瑞蘭茲（Kristen Brillantes）會用她所稱的「**酸軟糖人**」（Sour Patch Kid）法說「不」。就像那種糖果，克莉絲汀的答案前酸後甜。例如：「很可惜，我的團隊沒辦法參與。但你可以問 X 團隊；他們非常適合這種活動。」克莉絲汀說，

---

[8] 當你要對朋友說「不」時，不妨試試幽默的率真。友：「明天上班前要去田徑場跑個一小時嗎？」你：「去死啦。」

關鍵在於你要確定「後甜」是真的甜，不是無根據的添加。如果可以，她會請對方聯繫其他有能力或有興趣、可能會覺得獲邀很酷的人。若辦不到，她只會表達鼓勵與感謝。簡單如「謝謝你想到我；這聽起來真的很有意思」的答覆成效卓著。

13. 設計你的日子

當我們為 Google Ventures 執行「設計衝刺」時，每一天都是一小時一小時，甚至一分鐘一分鐘地規劃。每一次衝刺都是讓我們的配方趨於完美的機會。我們記錄整天工作的高低潮，例如大家的活力在什麼時候衰退，事情什麼時候動得太快，什麼時候太慢，再依此調整。

鎖住行事曆，給「精華」排時間是開始生時間的絕佳方式。但透過學習我們的「衝刺」、設計一**整天**，你可以將這種積極、刻意的心態提升到更高層次。JZ 這麼做已經好幾年，像這樣建構行事曆上的時間：

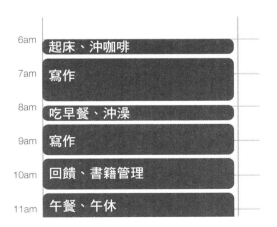

6am	起床、沖咖啡
7am	寫作
8am	吃早餐、沖澡
9am	寫作
10am	回饋、書籍管理
11am	午餐、午休

　　沒錯，很詳細。非常詳細。他確實鎖住沖咖啡和沖澡的時間！JZ 幾乎每天都像這樣設計時間。晚上，他會回頭快速評估安排的時間表，看哪些管用，哪些行不通，並拿計畫和真正運用時間的方式做比較。然後他會依照學到的教訓調整未來的時間表。

　　這樣鉅細靡遺地安排時間或許聽來頗為惱人：「自由呢？自動自發呢？」但其實建構好的日子才能創造自由。當你沒有計畫，就得經常決定接下來要做什麼；老是惦記著該做或可以做的事，可能會害你注意力不集中。完整計畫的一天能提供專注於當下的自由。不必掛念接下來要做**什麼**，就能不受拘束地聚焦在**怎麼**做。你可以順流而下，信任過去的自己安排的計畫。一天中什麼時候檢查 email 最好呢？該花多少時間？你可以事先設計好答案，不必靠臨場反應。

傑克

　　莎拉・庫珀（Sarah Cooper）是我們的榜樣。幾年前，她辭去 Google 的工作，成為全職作家和喜劇演員，然後迅速開始在她的網站「庫珀評論」（The Cooper Review）大貼搞笑文章、累積數百萬讀者、簽下三本書的合約。很自然地，當我辭去**我**在 Google 的職務時，我請莎拉給我建言：既然她已不在辦公室工作，她是怎麼安排她的時間。

　　莎拉的祕訣是建立充實、可預期的作息表，一小時一小時地設計她的每一天。她用筆電設計她的時間表，並在事後評估真的完成和未完成的事。「那讓我了解，一天真的有足夠時間來把事做完。我不寫待辦清單，而是以半小時為單位來詳細規劃我的日常作息。」

我喜歡這個主意，也很清楚JZ異常執著於微觀管理他的行事曆，所以我姑且一試。我不是用行事曆或日記本，而是採取卡爾·紐波特（Cal Newport）在《深度工作力》（*Deep Work*）一書中推薦的方式：在一張空白紙上寫我的作息，然後當事情變動時重新規劃一整天，就像這樣：

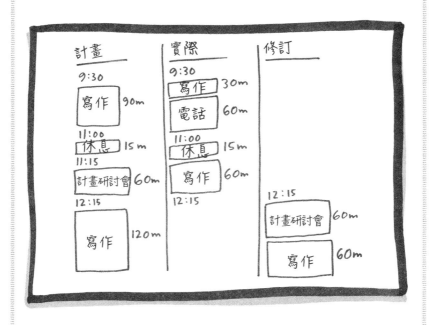

這很有效。不斷的重新規劃讓我能夠掌握自己是怎麼運用時間，告訴自己最好的寫作時間是何時，並幫助建立慣例。現在，每當覺得諸事不順，我就知道該怎麼做——是重新設計日常作息的時候了。

策略之爭：早上 vs 晚上

如果你沒辦法在大白天生出時間給「精華」，或許可以試著在一大早或晚上創造一些空間。JZ 原本是夜貓子，後來搖身變成「晨型人」。傑克改不過來，只好充分利用晚上。以下是我們的策略。

14. 早睡早起

JZ

2012年，我決定早起。

那並非水到渠成。我的整個人生，當我必須早起（為開會、活動或上課之類）時，總是很難下床。我似乎總是匆匆忙忙、無法準時，而朦朧的感覺、行屍走肉般的疲倦，會像宿醉一樣籠罩我一天。

但我為早上的潛力深深著迷。清晨宛如禮物——「自由」的兩個小時，可投入我的「精華」和準備這一天。當「晨型人」也給我更多和內人的相處時光；她上班的公司，一大早開會是常態。我討厭作息跟蜜雪兒不一樣，早起可以把我們的時間兜在一起。

身為天生的夜貓子，如果不想像以前那樣昏昏沉沉、精神無法集中，我需要計畫一番。所以我決定研究對其他人有效的做法，做些簡單的試驗。

還真有用。在兩、三個簡單招數的幫助下，我拿典型的夜貓子作息（盯著螢幕做設計工作、寫作、編程式語言，熬到午夜過後），換得罕見的日常慣例：早睡早起，時常運用清晨靜謐的時光，進行每日「精華」。

你也是想開始早起的夜貓子嗎？我在這裡和你分享一些訣竅。

從光、咖啡和找事情做著手

不要低估光對早起的重要性。人先天會在天亮時醒來、天黑時入睡，但如果你想在上班前為「精華」生出時間，你可不能等待太陽升起；世界上大部分地區、一年多數時節，你需要在黎明前醒來。所以我一醒來，就會把屋裡（或船上，如果我在海上的話）每一盞燈打開。我也會盡我所能欣賞日出，就算那是我起床一、兩個鐘頭之後的事；看天空從暗到亮會提醒我的大腦：是從夜晚轉換到白晝的時候了。

咖啡對我也超級重要。咖啡因固然很好，但這個準備的慣例對我的早晨更是必不可少。我會花15分鐘用簡單的手沖法沖咖啡：燒水、磨豆、鋪濾紙、放豆粉、倒水。這個過程比用機器更勞力密集，但這正是重點所在。這緩慢的咖啡儀式，能讓我在意志力低落的時段保持專注，不然我會用那些時間來檢查email或看Twitter，而這兩種都可能把我送進沒生產力的回應漩渦。所以我寧可站在家中或船上的廚房慢慢醒過來，思考這一天，再一邊享用一杯新鮮的咖啡，一邊安頓下來進行「精華」。

一大清早給自己事情做能幫助你起得早，但對我來說那也是我早起的**原因**。就連在我不必率先進行每日「精華」的早晨，我仍會找理由在破曉前生出時間。運動是很棒的晨間活動。洗碗、燙衣服、整理屋子也能幫助我清醒，在這天正式開始前就覺得自己有生產力。

然而，就算有光、有咖啡、有事情做，要是你晚上的作息沒有做些調整，早起仍是難題。

設計前一晚

第一步，請先誠實地評估自己需要多少及得到多少睡眠時間。我覺得睡7到8小時最好（有時要9小時，特別是冬天）。我多半會在早上5點半左右醒來，意思是我得在9點半左右上床。如果你是夜貓子，你或許覺得這麼早睡是天方夜譚。我以前也這麼想。但對多數人來說，規定該何時就寢的是社會，不是我們的身體。如果你想試著更改那種設定，下面幾個訣竅可能有幫助。

密切注意飲食會如何影響你的睡眠。有充分證據顯示，酒精不會改善睡眠品質，就算你可能感覺如此，而且酒精特別會對快速動眼期（REM）的睡眠造成損害。我喜歡在晚餐後來杯黑巧克力（請參考#69），但我經歷過痛苦了解它的咖啡因含量如此驚人。

最後，改變環境，讓身心放鬆下來，暗示「上床」時間到了。我會從減少光線開始。我會關掉廚房和門廳的燈，把客廳和房間的照明切換成立燈。我最喜歡的例行程序（鐵定也是最怪異的一個），就是DIY就寢服務。每天晚上7點左右，我會拉上臥室窗簾，搬開床上的裝飾枕，攤開被子（更多資訊請看#84「偽造日落」）。

對我來說，清晨5點半起床不是天天都那麼容易，但我已經學會熱愛早晨。而我得到的報償相當驚人——大部分日子，在上午9點半之前，我已經做了一個鐘頭有效率的工作、沖完澡、換好衣服、走了2哩路、吃完早餐、享用兩杯咖啡了。

並非人人都適合早睡早起。有人在晚上比較能順利生出時間。話雖如此，仍值得一試。畢竟，我也是試了才知道我**可以**當「晨型人」。有時我們不知道自己原來能做什麼，直到應用一些簡單的策略、對人生抱持實驗的心態，才恍然大悟。

15. 晚上是精華時間

傑克

是基因，決定我們是「晨型人」或「夜型人」。我下這個結論不是基於科學，而是根據過去幾千個日子以來對我兒子們的第一手觀察。

我的大兒子路克是會哼著歌醒來的晨型人。早餐時，他可以用大約每分鐘2,600字的速度講話——而且不需要咖啡。相較之下，費恩就是夜晚型了。早上會令他迷糊和生氣，如果我試著在七點前跟他說話，他會狠狠揍我胯下。

我懂。我也是夜晚型的人。我試過JZ早睡早起的策略，但總是受到孩子的干擾而挫敗。那令人洩氣。有家庭和全職工作，往往很難在一天內找出不受干擾的時間來做我的「精華」。如果早上不行，我就得另外找地方生時間。

我決定把夜晚型的人當得更好。我明白九點半（孩子睡著）到11點半（我就寢）之間是聚精會神的理想時間。我以前從沒認真看待過夜晚，但只要我能有效運用，那兒可是有兩個鐘頭的紅利等我領取。

最大的挑戰是，就算我可以輕易保持清醒到晚上11點半，我的電池卻經常沒電。我無法集中精神來做任何重要的事，所以我習慣把那多出來的時間浪費在低能量、低效益的活動，例如檢查email和讀西雅圖海鷹隊（Seattle Seahawk）的報導。

我花了好一段時間思考怎麼應付這項挑戰，最後想出一個三步策略，將夜晚轉變成「精華」時段。

先充電

如果我打算晚睡進行一項計畫，我會先從好好休息、提神醒腦開始（#80）。在我小兒子上床後（大約八點半），我可能會和內人及大兒

子坐下來看一段電影。或者讀幾頁小說、清理一下廚房、收拾客廳裡的玩具。這些活動會把我的心情帶出「忙碌模式」，給我心智的電池充電——跟瘋狂地檢查email，讀騙點閱率的新聞報導，或看一部意圖把我吸進追劇黑洞的激烈電視節目，有天壤之別 [9]。

離線

九點半左右，我會轉換成「精華」模式，通常是寫作，有時會準備簡報或研討會。這會兒，就算已迅速充了電，我的注意力通常還是沒辦法百分之百集中，所以我在網路設了假期計時器（vacation timer，#28），讓我可以用最小的意志力專注於寫作上。

別忘記放鬆

痛苦的經驗告訴我，深夜工作後，我得減慢腦袋運轉的速度，否則會嚴重損害睡眠。調暗燈光（#84）有幫助，但最重要的是在我變成「南瓜」前上床睡覺。對我來說，神奇的時刻是十一點半，如果那時還沒就寢，隔天的精力就會大受影響。

16. 做完就收

因為「馬不停蹄」鼓勵「再一件事」的心性，我們可能很難在一天結束時停下工作。再多一封 email；再多一件待辦事項。很多人要到累得無法繼續才離開，即便如此，他們上床前還要再查看一次 email。

9　欲深入探究追劇和扣人心弦的科學，請參閱亞當・奧特（Adam Alter）的著作《不可抗拒》（*Irresistible*）。

嘿，我們自己落入陷阱了。「馬不停蹄」非常擅長說服我們：「再一件事」是負責任又勤奮的事，而且乍看之下，這是唯一能確保進度不會落後的方式。

但它不是。工作到筋疲力盡只會讓我們更可能落後，因為那攫奪了其他需要列為優先、全力以赴的事項。試著再塞一件事就像開汽油快用完的車：不論你腳踩油門踩多久，如果油箱空了，你哪裡也去不了。你需要停下來加油。

在「設計衝刺」中，我們發現如果每一個工作天都在耗盡精力**之前**停止，那個星期的生產力會戲劇性提升。就連縮短工時 30 分鐘也能造就顯著的不同。

你該什麼時候離開呢？別試著回覆每一封 email（永遠回不完）或完成每一項任務（繼續作夢吧），你需要創造自己的終點線。或許你可以找到完美的收工時間——在「設計衝刺」中，我們把下午 5 點設為截止點。

或者你可以用「精華」來判斷。當收工時間逼近，想想你是否已經完成「精華」。如已完成，知道你已生出時間幹完這天最重要的事，你可以休息了。不管你做了多少，還有多少沒做，工作了幾個小時或幾個小時沒在工作，你都可以帶著愉悅感、成就感或滿足感（或三者皆是！），來回顧這一天。

如果你**沒有**完成「精華」，你必須是為了某件未預見的超級重要的計畫擠掉它（希望啦）。若是如此，知道你做了某件急迫、緊要的事，你還是可以感到滿足。幹得好！現在，別理收件匣了，今天到此為止吧。

JZ

　　回到2005年，我開始在芝加哥一家科技新創公司工作。那是我第一份全職工作，也是我第一次得設想如何在漫長的一天管理我的活力。我很快就明白，我比較容易在午餐前的幾個小時專注於工作，所以每當我在一天比較晚的時候發現自己為一件沒那麼難的任務苦苦掙扎，我會允許自己離開、隔天早上再戰。我差不多每一次都可以輕騎過關，在一小段時間裡完成原本要花我一整個晚上的事。我不在車子快沒油的時候硬撐，而是累了就離開、補充能量。

第二篇

雷射

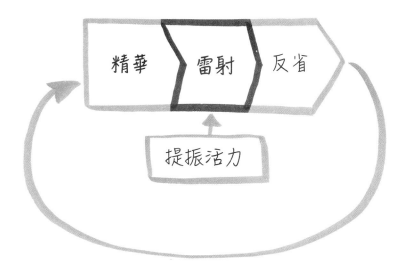

專注，
這是我們無盡而恰當的工作。

——瑪莉 ‧ 奧利佛（Mary Oliver）

　　好，你已經替一天選了「精華」，也在你忙碌的行程中給它生了時間。現在那個時間到了，而你需要專注。當然，**這**才是最困難的部分。

　　這一章探討的是我們稱作「雷射」的心理狀態。當你處於「雷射」模式，你的注意力會聚焦於當下，就像雷射光束集中在某個目標物上。你在狀況內，全心投入、浸淫在這一刻。當你像雷射一般專注於你的「精華」，感覺棒透了——這正是你積極選擇重要事務的回報。

　　「雷射」一詞聽來或許強烈，但要是你已經選好一項「精華」，且騰出時間，那就沒什麼困難或複雜的了。如果你正在做的是你在意的事，也擁有專注的活力，「雷射」模式會自然而然出現。

　　除非……你分心了。分心是雷射模式的大敵。那就像一顆巨大的迪斯可球擋在你的雷射光束前面：光會四散開來——除了往目標的方向。一旦發生這種事，要完成你的「精華」就難上加難了。

　　我們不知道你怎麼樣，但我們兩個都會分心，非常容易。我們會為 email 分心，為 Twitter 分心，為 Facebook 分心，為運動新

聞、政治新聞、科技新聞和搜尋貼切的 GIF 動畫檔分心。甚至連在寫這一章的時候也分心了（幸好及時回頭）。

希望你不要太嚴厲地評斷我們；畢竟，這是個五光十色的世界。我們的收件匣裡、網路上、口袋閃亮的智慧型手機永遠有新鮮事，而我們就是無法抗拒；Apple 指出人們平均每天會替 iPhone 解鎖 80 次，而 Dscout 顧客調查公司 2016 年的一項研究發現，民眾平均一天會觸點手機 2,617 次。分心儼然成了新的預設值。

在這個世界，光靠意志力不足以保護你的專注力。我們這樣說不是因為對你沒信心，或為我們本身的軟弱找理由，而是因為我們深知你正面臨什麼。還記得嗎？我們曾協助**創造**坊間兩種最幽深的「萬丈深淵」，曾從內部觀看分心的產業，非常清楚為什麼這些玩意兒如此具誘惑力，以及你可以如何重新設計使用科技的方式來奪回掌控權。以下是我們的故事。

 和email搞外遇

傑克

　　從我初次見到它的那一刻（1992年念高一時），就覺得那是地球表面最酷的東西了。鍵入一則訊息，按「傳送」，文字就會以光速傳出，立刻出現在另一部電腦上——不論那部電腦是在同一條街或世界的另一端。太神奇了！

　　當時，email仍是沒什麼人知道的利基，我試著介紹女孩使用email來給她們好印象。「嘿，美女，」我會這樣說：「這是超酷、超越現代的通訊方式喔。寄封email給我，我會回覆妳唷！」出乎意料地是，這個策略並未成功。很長一段時間，除了驚嘆無限的可能，email帶給我的效益（或女孩）少之又少。

當然，email最終大為流行。到2000年我找到第一份全職辦公室工作時，那已是首要的通訊方式。就算我多半用它來進行乏味的工作，我仍認為電子郵件在全世界咻來咻去是很神奇的事。

當我在2007年進入Google，並獲得加入Gmail團隊的機會時，我簡直不敢相信自己的好運。就算當上太空人，我也不會比那興奮到哪裡去。

我勤勉不懈地設計各種讓Gmail更好、更容易使用的方式。我精進功能，例如自動歸類email的系統，但也做好玩的東西，例如在訊息裡增添表情符號的工具，以及可讓使用者將收件匣客製化的視覺性主題。

我們希望Gmail成為世界最棒的email服務。要衡量我們的進展，最穩當的方法就是看看究竟有多少人使用Gmail，以及多常使用。當人們開了新的Gmail帳號試用時，他們會逗留一陣子，還是失望地離開？他們是否經常回來，讓我們確定他們喜歡？我們打造的那些很酷的特色真的對人們有用處嗎？有了堆積如山的數據資料，我們可望找出上述問題的答案。

時間一久，我們可以看出Gmail有沒有成長，也可以看出我們的試驗是否讓產品夠「黏」，以維持使用者的興致。我喜歡這份工作。每天都令人興奮。每一絲進步或許都能讓數百萬民眾的生活更容易一點。雖然聽起來有點俗濫，但我相信自己正幫助這個世界變成更好的地方。

重新設計YouTube

JZ

2009年時，YouTube就我所知是觀賞搞笑貓咪影音和狗狗溜滑板剪輯的地方。我得老實說，當我剛開始洽談要不要加入這支團隊擔任設計師時，我沒有抱持太大興趣。我知道YouTube很受歡迎，但我看不出它

除了是個搞怪的網站，還能做什麼。

　　但隨著我了解得愈多，我變得愈興奮。高階主管說他們的願景是創造一種新型態的電視——有成千上萬甚至數十數百萬個頻道，什麼主題都有。YouTube不滿足於目前正在播出的節目，它要為你提供完全投你所好的頻道。另外，因為任何人都可以在上面發表作品，YouTube也為有抱負的影片製作人、樂手和其他藝術家提供一個讓作品曝光的平台。在YouTube上，任何人都可能「被發掘」。

　　這看來是相當大的機會，所以我決定簽約。2010年1月，我和內人搬到舊金山，我加入YouTube團隊。

　　開始工作之後，我了解YouTube的新願景可以如何轉化為衡量工作的方式。在這個狗狗溜滑板的時代，關鍵在於「吸睛」。人們會看多少影片？有多常點側欄的相關影片？既然焦點是頻道，我們開始關注「分鐘」的問題：人們會花多少時間看YouTube？他們會留下來點頻道裡的下一部影片嗎？這是一種全新的習慣。

　　在我的新職務，我也了解這項工作對公司有多重要。我把YouTube視為搞怪影音網站的看法，和我們廣大的辦公室、數百名才華洋溢的員工及高階主管的強烈關注格格不入。當我的新團隊——為重新設計YouTube、讓它更「頻道」取向而組——獲准把執行長的辦公室當「作戰室」使用，我才恍然大悟。執行長欸！他是那麼希望YouTube能變得更好，竟不惜讓出自己的辦公室，只要那有助於提高機會。

　　努力獲得了回報。我們在2011年底展開大規模重新設計，人們開始訂閱頻道、花更多時間觀賞影片。2012年初，新聞媒體紛紛報導成果。例如倫敦《每日郵報》（*Daily Mail*）寫道：「YouTube成功轉型為成熟的網路電視服務，」並引用數據顯示觀看者比去年多停留60%的時間。《每日郵報》的分析真的讓我們的心樂得哼起歌來：「這項進展當歸功於YouTube最近的重新開發，那增加了類電視『頻道』與較長節目的焦點。」

　　我們得意洋洋。我們對YouTube的重新設計是世所罕見，願景、策略和執行完全按希望實現的專案。如同傑克，我和同事熱愛我們的工作。分分秒秒，我們為人們的日常帶來小小的樂趣。

為什麼「萬丈深淵」那麼難以抗拒

好，以上是我們的故事。你注意到什麼了嗎？當然，故事中有刻板的矽谷式敘述：一幫理想主義的怪咖奮力打造酷炫的科技和改變世界。但如果你更深入探究這些故事，你會發現「萬丈深淵」的誘惑之所以令人難以抗拒的祕方。

首先是對科技的熱情。那不是假的──那時我們感受到它，今天也感受到它。把那種熱情乘以數十萬名科技業員工，你就會了解這個產業何以不斷推出更快、更複雜的機件和技術。製造這種東西的人熱愛他們的工作，也等不及要創造下一個超越現代的玩意兒。他們由衷相信自己的技術正在改善這個世界。當人們對他們所做的事充滿熱情，他們自然會有很棒的成果。所以，讓諸如 email、線上影音等「萬丈深淵」產品如此誘人的第一個祕方是什麼呢？它們是用愛做的。

接下來是為持續改進所做的精密測量和產能。在 Google，我們不必仰賴直覺來臆測人們想要什麼；我們可以進行實驗，藉此得到量化的答案。人們是花比較多時間看**這**幾類影片還是**那**幾類影片呢？他們會天天使用 Gmail 嗎？如果數字增加，表示改進奏效，我們的顧客很開心。要是沒增加，我們可以改試其他方法。重新設計和重新開發軟體並不容易，但還是比製造新款汽車之類的東西快得多。所以，第二個祕方是進化：科技產品日新月異。

我們兩個最後都離開業界，但仍從旁密切觀察。一開始，Gmail 要挑戰 Hotmail 和 Yahoo 等網路型 email 服務，後來，隨著更多人透過社交網站傳送訊息，Gmail 要和 Facebook 爭奪使用者青睞。隨著 iPhone 和 Android 手機日益普及，Gmail 還得跟智慧型手機的 APP 競爭。

YouTube 面臨的競爭更是激烈。YouTube 不只要跟其他影

片網站較勁，還要和音樂、電影、電玩、Twitter、Facebook 和 Instagram 爭搶你的時間。當然，它也要和電視比美；電視看似過氣，但美國人平均每天仍要看 4.3 個小時[10]。電視不但沒有衰退，節目還愈來愈好看——業者競相推出更厲害，更值得你「撩落去」的影集。

Gmail 和 YouTube 並未「贏得」競爭，但那些挑戰促使它們精益求精。2016 年，Gmail 有 10 億用戶，2017 年，YouTube 宣布達到 15 億用戶的里程碑，每名使用者平均每天要花超過一小時觀看影片[11]。

在此同時，這場吸引人類眼球的競爭更趨白熱化。2016 年，Facebook 宣布其 16.5 億用戶，平均每天會使用 50 分鐘。同一年，新同學 Snapchat 說它的 1 億用戶平均每天花 25 到 30 分鐘在這個 APP 上。其他 APP 或網站就不用說了。研究顯示，2017 年美國人平均每天要用智慧型手機 4 個多小時[12]。

---

10 世界其他地方的讀者，別急著嘲笑我們美國人。根據英國通訊管理局（Ofcom）2015 年的報告，英國人每天要看 3.6 個小時的電視，韓國人 3.2 小時、瑞典人 2.5 小時、巴西人 3.7 小時。15 個國家的平均是每天 3 小時又 41 分鐘。所以雖然美國排行第一……但你們也沒落後太遠。

11 有趣的事實：這表示每天人類觀看 YouTube 的時間超過 15 億小時。如果你連續播放那些影片，那要耗時超過 17 萬 3 千年，而那恰好和智人（Homo sapiens）存在的時間差不多。或者，換種說法，那裡面有滿滿的「江南 Style」。

12 事實上，2017 年由 Flurry 公司進行的一項研究發現，民眾每天要在手機上花超過 5 個鐘頭。因為研究甚多，我們選用的是出自 Hacker Noon 較保守的數字，該公司分析了尼爾森（Nielsen）、comScore 和皮尤研究中心（Pew Research Center）等機構的調查，得出「4 個多小時」的結論。

　　這種競爭是讓現代科技如此強勢的第三個祕方。每一次有某項服務推出誘人的新特色或新進展，就會促使競爭對手加碼。要是某種 APP、某個網站或某款遊戲無法吸引你，你只要再敲兩下滑鼠或點兩次螢幕就有無數種選擇。每一樣東西隨時都面臨其他產品的競爭。適者生存，而存活下來的自然棒透了。

　　「萬丈深淵」令人上癮的第四個理由又是什麼呢？所有科技都在利用我們大腦天生的線路，那個在沒有微晶片的世界演化出來的線路。人類演化成容易分心，是因為那能保護我們防範危險（注意出現在你眼角餘光的一閃，因為那可能是偷偷靠近的老虎，或一棵倒下的樹）。人類演化成喜歡神祕和故事，是因為它們有助於學習和溝通。人類演化成愛聊八卦和追求社會地位，是因為那讓我們形成緊密而具保護力的部落。而人類演化成喜愛不可預測的報酬，無論是一棵黑莓樹或一則智慧型手機的通知，是因為知道有可能得到那些報酬，我們才會繼續狩獵和採集，就算我們有可能空手而回。**穴居人的大腦就是第四個祕方。**我們當然會喜歡 email、電玩、Facebook、Twitter、Instagram 和 Snapchat ——那就內建在 DNA 中。

別等科技還你時間

　　瞧，我們喜歡科技。但這兒有個非常嚴重的問題。把平均花在智慧型手機的四個多小時和平均花在看電視的四個多小時加起來，一心多用儼然成了全職工作。科技公司是靠你使用他們的產品賺錢。他們不會自動提供小劑量給你；他們會給你一條消防水帶。如果「萬丈深淵」在今天難以抗拒，明天就會更難抗拒了。

　　先聲明，這一切的背後沒有什麼邪惡帝國。我們不認為這是與「他們」的對決：冷酷算計的科技公司一邊圖謀操控不幸的顧客，一邊狂笑。我們覺得這種論調有點太過簡化，且當然不符合經驗。

我們待過那些公司，裡面待著秉性善良、一心想讓你的日子更美好的「科技怪咖」。大多數情況是，怪咖做那些事是因為現代科技的優點是**那麼**出色、**那麼**愜意，也確實讓我們的生活更便利、更有樂趣。當我們靠智慧型手機遨遊陌生的城市，和朋友視訊，或短短幾秒就下載一整本書，那就像有超能力一樣[13]。

但基於預設，我們不僅只得到現代科技的優點。我們好的壞的**全都**得到，且時時如此。在每一個螢幕上，我們得到超乎想像的超能力，也一併得到容易上癮的分心。技術愈優異，我們的超能力就愈酷——而我們會被機器偷走的時間和注意力也愈多。

我們仍相信那些怪咖，希望他們會找到饒富創意的方式來提供更多超能力而少點干擾。但不論 Apple 會對 iPhone 做什麼、Google 會對 Android 做什麼，他們永遠都在激烈爭奪你的注意力。你不能坐等企業或政府管理者把你的專注力還給你。如果你想要掌控局面，你必須重新設計你和科技的關係。

創造分心的障礙

像我們這樣的產品設計師已經花了數十年歲月移除障礙，讓產品盡可能簡單好用。進入「雷射」模式、聚焦於「精華」的關鍵，就是**把那些障礙拉回來。**

在下面幾頁，我們會提供你各種讓你更容易進入並留在「雷射」模式的策略，從設定你的「不分心」智慧型手機、重新布置客廳家具，到讓電視沒那麼方便收看等等。

---

13 如果你要從比較批判性的角度看科技的黑暗面，我們再次推薦亞當・奧特的《不可抗拒》，以及崔斯坦・哈里斯（Tristan Harris）的網站 humanetech.com，或者是深入閱讀本書256頁的推薦書單。

　　這些策略全都建立在同樣的哲學：要擊敗分心，最好的辦法就是讓它更難反應。給查看 Facebook、追蹤新聞和打開電視機增加一些步驟，那些產品就不會那麼黏人。不出幾天，你會有新的一套預設值：你會從分心走向專注，從回應走向刻意，從不知所措走向掌控全局。關鍵在於創造一點點不便。只要害你分心的事物難以親近，就不必擔心意志力了。你可以把活力導向生出時間，而非浪費時間。

　　當你全神貫注於「雷射」模式，而非在分心與專心之間游移，你不僅會為最重要的事情生出時間，更會生出**高品質**的時間。每一次分心都會害你損失專注的深度。每當你的大腦更換情境——例如從畫圖轉向回覆簡訊，再轉回畫圖——就會有轉換成本。你的大腦必須給工作記憶體載入一套不同的規則和資訊。這樣的「啟動」至少要花幾分鐘，複雜的事務可能耗費更久。我們兩個發現，我倆可能要連續不斷地寫兩個鐘頭，才能寫出最好的東西；有時甚至要連續好幾天才能進入狀況。

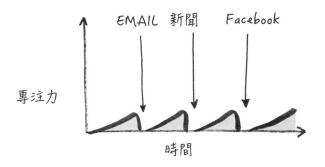

就像複利一樣。你維持聚焦在「精華」的時間愈久，就會覺得它愈吸引你，工作（或玩樂）的表現也會更好。

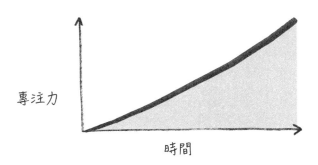

專注力

時間

但「雷射」模式的效益，不只和你及你的「精華」有關。我們如此沉迷於分心事物的部分原因，是**大家**都這麼沉迷。這就叫錯失恐懼症（fear of missing out，簡稱 FOMO），我們全都有這種「症頭」。如果沒看到最新的 HBO 影集、沒讀到川普最新的 tweet、沒研究全新 iPhone 的酷炫特色，要怎麼跟人聊天呢？大家都在做那些事，我們不想落伍。

我們想鼓勵你換個角度看待這件事：這是你獨樹一格的契機——好的方面。如果你改變你的優先順序，人們會注意到的。你的行動會向他人表明你覺得什麼重要。當你的朋友、同事、孩子和家人見到你這麼計較時間，**他們**也會開始質疑自己「永遠開機」的預設值，從「萬丈深淵」抽身。你不只是為你自己和你的「精華」生時間，也是為你身邊的人樹立典範。

下面是我們的「雷射」策略：掌控你的手機、APP、收件匣、電視的方法，以及進入「雷射」模式，待在那裡享受「精華」的訣竅。

雷射策略
———做手機的老大

17. 試用「不分心」手機

可是，如果我可以不要再擔心這戒指，我一定會輕鬆很多……

有時我覺得它好像是隻眼睛，一直不停地瞪著我……

我每分每秒都……擔心它不見，

時時刻刻都把它掏出口袋來確認。

——比爾博・巴金斯（Bilbo Baggins）

　　要奪回時間和注意力，把 email 和其他「萬丈深淵」軟體從手機移除，或許是最簡單、最有力的改變。我們兩個從 2012 年起都用「不分心」手機，而我們不僅存活至今，還活得好好的——工作更有效率，整體而言日子也過得更開心了。

傑克

　　之前，我的手機會在口袋裡呼喚我，就像魔戒呼喚比爾博・巴金斯那樣。只要感覺到一絲絲無聊，我的手機就會赫然出現在我的手掌，好像有魔法一樣。現在，沒有「萬丈深淵」APP，我覺得沒那麼焦躁了。現在，遇到先前會不由自主抓手機的時刻，我不得不停下來——而事實證明，那些時刻原來沒那麼無聊嘛。

JZ

　　有了「不分心」手機，我一整天的平靜感也恢復了。把注意力的速度調慢，不僅有助於我進入「雷射」模式，也是一種更愉快的時間運用方式。

　　但當人們聽聞我們乖僻的生活方式，常認為我們瘋了。幹嘛不把錢省下來，用掀蓋式手機就好？

　　這個嘛，重點在此：在你擺脫所有「萬丈深淵」之後，智慧型手機**仍**是神奇的裝置。從地圖和行車路線，音樂和 Podcast，到行事曆和照相機，有形形色色的 APP 能提升我們的日常生活，又不致於偷走時間。

　　所以我們要從實招來：我們認為智慧型手機很酷。除了是時間狂，我們也是熱愛酷炫玩意兒的蠢蛋。2007 年，JZ 排隊買第一代 iPhone。10 年後，iPhone X 上市那天，傑克仍為了訂購而熬夜到凌

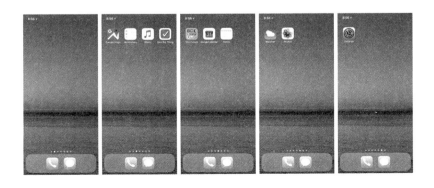

晨。我們愛手機——只是並非時時刻刻需要手機提供的一切。有了「不分心」手機，我們可以讓時光倒回（稍微）比較單純、比較不仰賴手機和維持注意力，又能同時享用現代科技之利的年代。

當然，「不分心」手機並非人人適用。對一些人來說，智慧型手機沒有社群媒體、網路瀏覽器和 email 的概念聽起來太瘋狂，我們也樂於承認，有些人的自制力比我們來得好。也許你不會一直覺得有股不可抗拒、想把手機掏出口袋的衝動。也許你能牢牢掌控email 和訊息來源，而非反過來被他們掌控。

話雖如此，我們仍相信，要不斷用指尖更新資訊，人人都要付**一些**認知成本。或許你不像我們有那麼明顯的分心問題，但你手機的預設值，仍可能有改善專注力的空間。所以，就算你已經覺得能掌控手機，我們仍鼓勵你做個小實驗，試用一下「不分心」手機。那可能不會黏人，但會給你一個重新斟酌預設值的機會。

以下，我們會概括說明，可以如何設定一支屬於你的「不分心」手機（你也可以上 maketimebook.com 網站瀏覽更詳盡、附螢幕截圖的指南，iPhone 和 Android 系統都有）：

1. 刪除社交APP

首先，刪除 Facebook、Instagram、Twitter、Snapchat 等（包括在我們寫這本書後發明的一切種種）軟體。別擔心。如果你之後改變心意，重新安裝這些 APP **非常**容易。

2. 刪除其他「萬丈深淵」

所有無限供應有趣內容的東西都該刪除。這包括遊戲、新聞APP 和 YouTube 等串流影音軟體。如果你會著魔般一再重新整理，並／或不知不覺讓光陰溜走，請擺脫它們。

3. 刪除email、移除帳號

　　Email 既是誘人的「萬丈深淵」，也是催魂的「馬不停蹄」。而且，由於實在很難用手機好好回信（因為時間有限，也因為用觸控螢幕打字不易），這也時常引發焦慮。我們用手機查看 email 是為了追進度，結果只是更明白我們遠遠落後。把 email 從手機移除，許多壓力會隨它而逝。

　　Email 帳號通常會和行動裝置融為一體，所以除了刪除 email 的 APP，你可能也想進入手機的設定，徹底移除 email 帳號。你的手機會發出駭人提醒（「您確定要**移除**您的 email 帳號嗎？」）。別被嚇倒。同樣地，如果你之後改變心意，只要重新輸入登入資訊就行。

4. 移除網路瀏覽器

　　最後，你需要破壞這把害你一心多用的瑞士刀：網路瀏覽器。你可能需要冒險回到設定來做這項改變。

5. 其他都留著

　　如前文所述，手機還有很多不是「萬丈深淵」的神奇 APP，無疑讓我們的生活更便利，又不會把我們吸進分心漩渦的 APP。例如地圖，雖然有無限的內容，但很少人會想隨機瀏覽某個城市的地圖。Spotify 和 Apple Music 等 APP 也相對無害；當然，那上頭有無數歌曲和 podcast，但你不大可能衝動到連續聽完所有披頭四的曲目。Lyft、Uber、美食外送 APP、行事曆 APP、天氣 APP、生產力 APP 和旅遊 APP 也是如此。結論：如果某個 APP 是種工具，或不致讓你焦慮，就留著吧。

　　再說一次，你的「不分心」手機可以只是一場實驗；你不必一

輩子對它忠心不二。給它 24 小時、一星期，甚至一個月試試。當然，你會有**必須**使用 email 或瀏覽器的時候，那時，你可以暫時重新動用任務所需的 APP。這裡的重點在於，你是有自覺地使用你的手機——不是它在使喚你。任務完成，就把預設值調回「離開」。

我們認為你會喜歡有「不分心」手機的生活。誠如一位剛開始嘗試的讀者所言：「上個禮拜我都使用一支『殘障』iPhone，結果**好得不得了**。我以為我會深深想念它，但沒有。」另一位讀者用追蹤時間 APP（time-tracking）來記錄使用「不分心」手機後的情況，結果嚇一大跳：「擺脫 email 和 Safari 讓我每天都多離開手機兩個半小時，有幾天甚至更多。」那實在驚人，想像一下，一個這麼簡單的改變，就能讓你每天收回一、兩個小時欸！

「不分心」手機最重要的報償就是取回掌控權。只要你能掌控預設值，你就是老大。而你本來就該是。

18. 登出

鍵入你的使用者名稱和密碼很麻煩，所以各網站和 APP 會讓你不必太常這麼做。它們鼓勵你保持登入狀態，敞開分心大門。

但你可以改變這個預設值。當你使用完 email、Twitter、Facebook 之類的軟體，記得登出。每個網站都有這個選項，每一款智慧型手機的每一種 APP 也有。你可能需要找一下，但一定找得到。而下一次他們問你想不想要「這個裝置記住我」時，不要在小框框裡打勾。

JZ

　　對我這顆很容易分心的腦袋而言，光是登出還不足以當減速丘，所以我給這個策略增加動力：把我的密碼改成怪異、輸入很麻煩而不可能記得的東西。我本身喜歡e$yQK@iYu之類的，但那純屬個人喜好。我把密碼記在密碼管理APP裡，以便必要時仍可登入，但我是故意找麻煩。請記得，增加摩擦力是避開「萬丈深淵」、留在「雷射」模式的關鍵。

19. 斷絕通知

> 我很不喜歡這一位。他只會一直叫叫叫……
> 這位安靜得像老鼠。我喜歡他在這房屋。
> ——蘇斯博士（Dr. Seuss）

　　說到通知，APP 製造商簡直硬來。能怪他們嗎？其他所有 APP 都這麼幹。而如果其他所有 APP 都歇斯底里地吸引你注意，要是他們不來硬的，你豈會記得他們的 APP 存在？你或許要到需要時才會用它。多可恥啊！

　　通知不是你的朋友。他們是不斷竊取專注力的小偷。不論你有沒有試著使用「不分心」手機，你最起碼也該**關掉幾乎所有通知**。做法如下：

1. 進入手機設定，找到通知項目清單，一一取消勾選。
2. 只保留真正重要和有用的通知，例如行事曆的提醒和簡訊。
3. 務必關閉 email 和即時通訊軟體的通知。這些提醒**感覺起來很重要**，這使它們更能暗中為害；其實，沒有那些通知，我們多數人仍能活得好好的。試著只留一種方式讓他人能以具時效性的事情打斷你（例如簡訊）。
4. 每當有新的 APP 問你「是否顯示通知？」請選擇「否」。
5. 給它 48 小時或一個星期試試看。看看你感覺如何。

　　關掉通知，就是教你的手機一點禮貌。你會讓它從喋喋不休的大聲公，搖身變成斯文有禮的重要訊息傳遞者——你真正想交的那種朋友。

20. 清理主畫面

　　你的手機是為速度設計的。掃描你的臉或指紋就可以使用了。多數人會把他們最喜歡的 APP 放在主畫面，以便立刻使用。**掃描、輕觸、APP！**這種毫無摩擦力的程序在你開車找不到路時很管用，但當你試圖進入「雷射」模式，那就是通往分心的高速公路了。

為了讓一切慢下來，試著讓你的主畫面保持空白。把所有圖像移到下一頁（再從第二頁移到第三頁，以此類推）。除了漂亮、清晰的背景畫面，別把任何東西留在第一頁。

每一次使用手機，空白主畫面都能帶給你寧靜的片刻。這是刻意製造的不便，小小的停頓——一座減速丘，將分心阻隔於一步之外。當你反射性地給手機解鎖，空白的主畫面會讓你停下來問自己：「我現在**真的**想分心嗎？」

傑克

我喜歡更進一步，每一個頁面只留一排APP。那或許是因為我有潔癖，但這樣的簡單樸素讓我覺得更平靜、更有主導權。

21. 戴手錶

1714 年，英國政府懸賞 2 萬英鎊（等值於 2018 年的 5 百萬美元），給發明可帶上船使用的時鐘的人。歷經近 50 年光陰、嘗試數十種原型，約翰・哈里遜（John Harrison）終於在 1761 年，創造出史上第一部「精密計時器」（chronometer）。那是改變世界的技術奇蹟，就算它只能勉強攜帶——必須擺進特製櫥櫃，置於甲板下、才能搭德普特福德號（HMS *Deptford*）展開橫越大西洋的處女航[14]。

今天你只要花幾百塊就買得到可攜式的時鐘：一支電子石英腕錶。它又準確、又輕、又防水，可以在午休後叫醒你，或提醒你把

晚餐拿出烤箱。那是一項驚人的技術。

　　但我們喜歡戴手錶是基於截然不同的理由：每當你想知道現在幾點，手錶可以取代查看手機的必要。如果你像我們一樣，拿起手機看一下時間，常會把你吸入「萬丈深淵」，特別是螢幕上有通知時。如果你戴手錶，就可以把智慧型手機放到視線之外。當它在視線之外，就比較容易忽視它的存在了。

JZ

　　2010年，我在運動用品店的出清特價區買了一支簡單的天美時（Timex）。但我一戴上，就捨不得摘掉了。這支17美元的手錶太有用處了——甚至很多方面都比智慧型手機來得好——因為它的螢幕絕對不會爆裂，電池基本上可持續到永遠。

22. 留下裝置別帶走

　　每星期兩次，我們的朋友克里斯（Chris Palmieri）會把他的筆電和手機留在辦公室，不帶電子產品回家。克里斯在東京經營一家顧問公司，業務繁忙，但這兩天晚上他沒辦法查看 email，連簡訊也沒辦法回。到隔天上班之前，他都處於斷線狀態。

14　在發明天文鐘之前，長時間航行的船隻沒辦法記錄時間，因此也無法記錄東西向的位置。德普特福德號那次歷史性的橫越大西洋之行非常成功，船上領航員在距離陸地一英里內即預測到了登陸點。

不方便嗎？當然不方便。但克里斯說暫時的隔離會得到注意力提升（和睡眠改善）的補償。在沒有電子產品的夜晚，他會更快入睡（晚上十一點半，而非凌晨一點）、睡得較沉，且很少在半夜醒來。他甚至記得早上做的夢……我們認為這是好事。

若你想為唸書給孩子聽，或為用雙手進行某項計畫之類的「離線」精華生出時間，留下裝置是有幫助的策略。如果把手機留在辦公室的主意聽來令你心驚膽戰（或是你有正當的使用需求，例如緊急連絡），你可以用沒那麼極端的方法來實踐與裝置分開的根本原則。回家後，別把手機放在身邊，改成擱在抽屜裡或架子上；更好的辦法是把它藏在包包裡，然後把包包關進壁櫥。

JZ

出門在外，我通常把手機收進包包。一回到家，我會把包包放到架子上，過我的生活。每天，這小小的舉動都提醒我，沒有智慧型手機，日子還是一樣地過。

雷射策略
————避開萬丈深淵

23. 不要一早就上線

早上一覺醒來，不管你睡了 5 小時也好、10 小時也好，你都跟「馬不停蹄」和「萬丈深淵」分別已久。這是一段黃金時刻。這是嶄新的一天，你的大腦得到休息，而你**還沒有覺得注意力分散的理由**。沒有新聞要擔心，沒有工作的 email 要煩惱。

細細品嘗吧。不要急著收 email、Twitter、Facebook 或新聞。把上線當成早起第一件事、趕快了解最新情況的誘惑非常大，畢竟，世界一定有**什麼事情**一夕改變了。不過一旦你火速打開螢幕，你的注意力就得開始在當下與網路上的一切之間拉鋸了。

延後吧。你拖得愈久才上線——拖到九點、十點，甚至午餐後——就能感受到愈久的充分休息的平靜，也愈容易進入「雷射」模式。

JZ

跳過一早的查看網路訊息，已成為我的晨間儀式（見#14）。早晨是我進行「精華」的黃金時段，而那通常要用電腦。所以每天晚上我都會幫自己一個小忙，關掉所有瀏覽器的分頁（#26）、登出Twitter和Facebook（#18）。於是，在我一覺醒來、沖完咖啡後，我可以從容展開「精華」而不會受到晨間上線干擾了。

24. 阻擋分心氪星石

多數人都有某個引力特別強大，就是無法抗拒的「萬丈深淵」。我們叫它「分心氪星石（Kryptonite）」。就像氪星石會使超人喪失能力，分心氪星石會越過防線、破壞計畫。你的分心氪星石，或許是像 Facebook 這樣常見而顯眼的東西，或者，如果你是 JZ 那種怪胎，那或許是某個不為人知的帆船迷網路討論群組。這裡有個簡單明瞭的測試：如果你在這個網站或那個 APP 花了幾分鐘（或者更可能，這幾分鐘變成一小時）後覺得後悔，那或許就是氪星石了。

有數種方法可以阻擋氪星石，這取決於你有多當真，以及你上癮得多嚴重。如果你的氪星石是社交網路、email 或任何需要密碼的東西，登出或許就足以讓你三思（#18）。如果你的氪星石是特定網站，你可以封鎖它，或在「雷射」時間關掉網路。若要更決絕，你可以移除智慧型手機裡的 APP、帳號或瀏覽器（#17）。

一位名叫法蘭西斯的讀者告訴我們，他阻擋自己的氪星石——「駭客新聞」（Hacker News），一個專門報導科技新創公司的網站——的經驗。法蘭西斯說，當他出現「戒斷症狀」時，他好懷念那些有趣的文章和網站留言板上的超有才討論。但他得到的回報是幸福感意外提升：「我不再一天刷新頁面 40 次，拿自己跟精彩集錦裡的退場公司做比較。」

讀者海莉特有更極端的故事。海莉特的氪星石是 Facebook，對她來說，那不只害她分心，還是種不健康的成癮症。「我無時無刻不是焦慮地黏著手機，不得不回應每一則訊息。我的小隔間是開放式的，我在做什麼大家都看得到，而我已經連假裝工作都不假裝了。」

　　海莉特明白她不能再這樣下去，Facebook 已經占據她的生活。所以她決定斷絕一星期，把它從所有裝置移除。這當然極具挑戰性，但當那一星期結束，她不想回去了。「回歸社群媒體的想法令我作嘔，所以我決定再過一星期沒 Facebook 的日子。然後 2 個星期變成 2 個月，到現在 10 個月了。」

　　誠然，戒絕 Facebook 不是沒有阻礙。她有很多朋友都在 Facebook 上協調聚會事宜，不會為她破例。「我完全脫離那個圈子了。我只有在我發起計畫時才會跟那些老朋友聯絡——前幾個月沒聯絡幾次。」

　　但她還是沒走回頭路。「雖然有那些影響，但我現在快樂多了。比之前快樂太多太多了。當我『跌到谷底』，我覺得好像無法掌控自己的腦袋瓜。沒有哪個爆紅的社群媒體、沒有任何計畫的便利性，比得上恢復神智的感覺。」

　　海莉特發現，雖然有些友誼在沒有 Facebook 後就斷了，但有些情誼反而更加堅定。真正想花時間跟她在一起的人（或她真正想見的人），會想辦法靠電話、email 或簡訊跟她聯絡。「我不是完全不與外界接觸，」海莉特說：「但我短期內不會回到那個『萬丈深淵』了。」

　　海莉特斷絕 Facebook 的經驗當然是極端的個案，但我們已聽過無數類似的故事。當你脫離分心氪星石，真的會有淨化的感覺——高興、如釋重負、重獲自由的感覺。我們會怕置身圈外，但一旦真的在圈外，就會明白，那其實還不賴。

25. 別看新聞

看氣象報告，就能得到所有我需要的新聞。

——保羅・賽門（Paul Simon），

〈紐約唯一活著的男孩〉（The Only Living Boy in New York）

新聞快報的概念是靠一種根深柢固的迷思運作：你必須知道全球各地發生什麼事，而且**現在**就得知道。聰明的人會追新聞；負責任的人會追新聞；大人都在追新聞。不是這樣嗎？

我們也獲悉一條屬於自己的新聞快報：你不必天天追新聞。真正重要的新聞會找到你，而其他新聞不是不急，就是不重要。

不明白我們的意思嗎？請看看今天的報紙。或者上你最喜歡的新聞網站也可以。看看頭條，批判性地想想每一則新聞。那些頭條會改變你今天所做的任何決定嗎？有多少頭條，到明天、下星期或下個月就過時了呢？

有多少頭條新聞是設計來引發焦慮的？「見血，就能上頭條」是新聞編輯部的老哏，但那千真萬確。大部分新聞都是壞消息，沒有人能聳聳肩就甩開那些狂轟濫炸、那些關於衝突、貪汙、犯罪、人間苦難的報導，而心情和專注力絲毫不受危害。就連一天一次的新聞也是一種不斷引發焦慮、激起義憤的分心事物。

我們不是要你完全與世隔絕。我們的建議是，一星期看一次新聞就好。更低的頻率可能會讓你覺得像汪洋中的一條船，離人類文明愈來愈遠。更高的頻率則會讓你覺得身陷迷霧，只能看到眼前的東西。那樣的迷霧，會輕易掩蓋你想列為優先的重要活動和人物。

JZ 從 2015 年開始，就一直採用一星期看一次新聞的策略。他最喜歡《經濟學人》（The Economists）週刊，那會把一週大事濃

縮在 60 頁到 80 頁資訊滿滿的頁面；你也可以考慮《時代雜誌》（*TIME*）之類的週刊，或者訂閱週日報。你甚至可以每星期安排一段時間，坐下來瀏覽你最喜歡的新聞網站。不論你選擇哪一種，重點是要斬斷 24 小時源源不絕的新聞快報。那可能是很難搖撼的分心大敵，但也是為你日常生活真正重要的事情生出時間，以及維持情緒活力的大好機會。

JZ

以前，要是我沒有每天看新聞，我常會有罪惡感。經過仔細思考，我明白自己想知道三種事情。首先，我想獲悉經濟、政治、商業和科學的重大趨勢。其次，或許是比較自我中心的，我關心對我有直接影響的主題，例如醫療政策的改變。第三種，我想知道有沒有支持他人的機會——例如在發生天然災害之後。然後我發現，就這三種事情，我根本不必**天天**看新聞。讀《經濟學人》、和內人一起聽每星期一次的新聞 podcast，再聽聽鎮上茶餘飯後的閒聊，我完全跟得上進度。然後，當我需要採取行動時，就能做更深入的探究了。

26. 把玩具收好

真正的生活從把家裡收拾整齊開始。
——近藤麻理惠（Marie Kondo）

　　想像這個畫面：你準備進行「精華」。也許是你一直想寫的短篇故事，或你必須完成的工作提案。所以你抓了筆電、掀開螢幕、輸入密碼，然後……

　　「看我！看我！看我！」每個瀏覽分頁都在呼喊你。你的 email 自動更新頁面，亮出十幾封新郵件。Facebook、Twitter、CNN……頭條閃現，通知從四面八方迸出。你還不能開始進行「精華」，你得先關照那些頁面，看看有什麼新鮮事。

　　再想像這個畫面：你抓了筆電、掀開螢幕，然後……看到桌面那張漂亮的照片，其他什麼都沒有。沒有訊息，沒有分頁。昨天收工前你登出了 email 和聊天室，相信萬一晚上發生什麼急事，會有人打電話或傳簡訊給你。寂靜是幸福。你準備大顯身手。

　　回應眼前的事物，向來比做你打算做的事來得簡單。當它們直直盯著你的臉，諸如查 email、回應聊天、讀新聞等瑣事，**感覺起來急迫又重要**——但很少真的如此。如果你想趕快進入「雷射」模式，我們建議你把你的玩具收好。

　　「把玩具收好」的意思是，在每天收工時登出 Twitter 和 Facebook 之類的 APP，關掉額外頁面、結束 email 和聊天室。就像循規蹈矩的小孩，做完事情要把東西收拾好。多花一點工夫，把瀏

覽器的書籤工具列藏起來（我們知道那上面有你兩、三個「萬丈深淵」）和更改瀏覽器設定，把你的首頁設成不招搖（例如時鐘）而非吵吵嚷嚷的東西（例如一連串你常上的網站）。

把收拾東西的兩分鐘想像成一種投資：投資未來主動——而非被動——運用時間的能力。

27. 不要在飛機上用 Wi-Fi

因為你名副其實被綁在椅子上，
我一直覺得飛機是大量寫作、閱讀、畫畫、思考的絕佳場所。
——奧斯丁・克隆（Austin Kleon）

關於飛機（除了翱翔天際的奇蹟），我們最喜歡的一點是強制的專注。在飛機上你無處可去、無事可做，就算有，安全警示燈也會叫你在椅子上乖乖坐好。機艙的奇妙平行宇宙可能是閱讀、書寫、編織、思考，或覺得無聊（好的方面）的大好機會。

但就連在飛機上，你也必須改變一、兩個預設值來生時間。首先，如果你的座位有螢幕，把它關掉。再來，如果你的飛機有無線網路（Wi-Fi），別付錢買。在就座後做這兩項選擇、繫好安全帶，在三萬五千呎的高空享受「雷射」模式吧[15]。

---

15 當然，這個策略是假設你沒有孩子隨行。如果帶著小孩，那就祝你好運了——你會需要所有能分散注意力的東西，多多益善。

傑克

　　任職Google的10年裡，我常飛來飛去，但我對自己許下承諾：不要在空中做任何工作。我認為搭機的時間是我自己的時間，而我全部拿來寫作。10年間，我在機上寫了許多冒險小說，那帶給我極大的滿足感。我的同事也從未抱怨我不在線上。也許他們認為有衛星干擾，或我被隔壁愛聊天的乘客纏上了。也說不定，他們跟我一樣，了解在機上離線的魔力。

28. 設定網路計時器

　　在我們成長的過程中，上網得用電話撥接（瘋了，對吧？）下載速度超級慢，而且按時間計費。真要命。

　　但撥接有個很大的優點：強迫我們用心。如果我們要大費周章地上網，最好先想好上去之後要做什麼。好不容易上去了，就得專注於那件事，免得浪費錢。

　　今天永不斷線、超級快速的網際網路簡直棒透了，但那也是世界最大的「萬丈深淵」。當你知道網路無窮盡的可能性離你不到千

分之一秒，要留在「雷射」模式就難上加難了。

　　但網路**不是**非得隨時隨地都有。那只是一種預設。當你要進入「雷射」模式時，試著把網路關掉。最簡單的方法是關掉筆電的 Wi-Fi、把手機轉到飛行模式。但這些方法也很容易**破解**。把自己關在外面有效得多。

　　市面上有許多軟體工具可暫時封阻網路。你可以找到瀏覽器擴充功能和其他 APP，來限制在特定網站上的時間，或在事先決定的時段中止一切功能。這些工具一直在推陳出新；你可以在 maketimebook.com 上找到我們最喜歡的。

　　或者你也可以從源頭切斷 Wi-Fi。把你的網路路由器插入簡單的假期計時器（就是你離家時拿來騙小偷，會在每天固定時段把燈打開的那種東西），設定它在早上 6 點、晚上 9 點，或任何你希望進入「雷射」模式進行「精華」的時間把網路喀嚓。

　　或者你也可以買部二手的迪羅倫（DeLorean）、打造時光機，設法弄到一點鈽元素，回到 1994 年享受純撥接的樂趣。不過相信我們，假期計時器容易得多。

傑克

　　我在80頁描述我是怎麼在深夜給「精華」生出時間。我的《SPRINT衝刺計畫》和冒險小說，大部分都是在那個時段寫的。每一次我都仰賴假期計時器。

　　每當我在晚上坐下來寫東西，都會被網路分散注意力。對我來說，罪魁禍首是運動新聞和email。我該開始寫東西了……還是很快看一下

海鷹隊的消息先？我該修訂那一段了吧？呃，好難啊……我會打開收件匣……嗯嗯……Linkedln的新通知……我要歸檔……喀！

一喀再喀，我失去了寫作的意志和時間。2個小時在一片朦朧中過去後，我會情緒低落地上床，因為我熬到深夜卻一事無成。我總算了解，要是我想在夜裡把事做完，不是得有更好的自制力（這種事不會發生），就是得把網路關掉。謹記這點，我花10美元買了假期計時器，把它調到在9點半關，然後把我的網路路由器插上去。

老天啊。晚上9點半，孩子們都睡了，家事也做完了。計時器喀嚓一聲。然後……冷不防地，沒有收件匣，也沒有海鷹了。沒有Netflix、沒有Twitter，也沒有MacRumors了。我的筆電變成一座荒島，我的天啊，那好美。

29. 取消網路

讀者克麗莎寄給我們一個進入「雷射」模式的極端策略：她**完全**沒有家用網路。沒錯——沒有網路。她的成果不言而喻。在她初次與我們分享這招的那一年，她用不會分心的時間寫了小說、設計了新型藥罐、發明了一系列的玩具。她專注，創造力驚人。

取消家用網路不像乍聽之下**那麼**極端，因為你仍可用手機當熱點來上網。但那有點慢、有點貴，而且麻煩得要命。誠如克麗莎所言：「那需要我笨手笨腳地處理兩種裝置的設定，而那小小的遏阻就足以讓我停下來，99% 如此。」

心動了，但還沒做好心理準備、完全取消網路服務嗎？要試用這種策略而保留轉圜餘地，可以請英勇的朋友變更你的 Wi-Fi 密碼，並保密 24 小時不告訴你。

30. 當心「時間的隕石坑」

　　當傑克還小時，他全家曾開車到亞利桑那州的巴林傑隕石坑
（Meteor Crater）遊覽。巴林傑隕石坑不只是個很酷的名字；它是
貨真價實、位於沙漠中央的隕石坑。數十萬年前，一塊寬 150 呎的
巨石衝擊地球表面，撞出一個直徑約一哩的隕石坑。年幼的傑克站
在起泡的岩石上，想像那驚人的撞擊力。隕石坑竟是隕石的 30 倍
大！很難想像這麼小的物體能撞出這麼大的洞。

　　或許沒那麼難。畢竟，同樣的劇情常在我們的日常生活上演。
小小的分心會在我們的日子撞出大得多的洞。我們把這些洞叫作
「時間的隕石坑」，而它們是這樣形成的：

- 傑克發了一則 tweet。（90 秒）
- 接下來兩個小時，傑克花了四倍時間回到 Twitter，
  查看他那則 tweet 的情況。每一次，他會順便瀏覽一
  下動態消息。其中有兩次，他讀了一篇別人分享的
  文章。（26 分鐘）
- 傑克的 tweet 得到一些回饋，感覺挺不賴，所以他開
  始在心裡建構他的下一則 tweet。（這裡 2 分鐘，那
  裡 3 分鐘等等）
- 傑克又發布一則 tweet，循環從頭來過。

　　一則小小的 tweet，可以輕易在你的日子撞出 30 分鐘的隕石
坑，那還不包括轉換成本。每一次傑克離開 Twitter 回到「精華」，
都得將所有脈絡重新載入大腦，才能回到「雷射」模式[16]。所以那

16　我們最喜歡的一篇報導指出，根據加州大學爾灣分校葛洛莉亞・馬克的一項研究，人在被打
　　斷思緒後，要花二十三分鐘又十五秒，才能回到任務上。

個時間的隕石坑實際上可能是 45 分鐘、一小時，甚至更久。

但會造成時間隕石坑的不只是「萬丈深淵」。還有恢復時間（recovery time）。15 分鐘「迅速」吃完墨西哥捲餅，可能會讓你昏昏欲睡 3 小時。熬夜看電視可能會讓你晚起一小時、整天欲振乏力。還有預期心理。當你因為半小時後有會要開而沒有著手進行「精華」，那也是一個時間的隕石坑。

你生活中的時間隕石坑在哪裡呢？那要由你自己判定了。你不可能完全避免，但一定可以巧妙躲掉其中一些，而你每躲掉一次，就能生出一段時間。

31. 拿偽勝利換取真勝利

分享 tweet、Facebook 更新和 Instagram 的照片，都可以撞出時間的隕石坑，但他們之所以危險，還有另一個原因：他們是偽勝利。

為網路貢獻對話感覺像是某種成就，大腦會告訴我們：「我們完成一項工作了！」但有 99% 的機率，這些貢獻並不重要。這些是要付出代價的──它們占據了你可以用在「精華」上的時間和心力。偽勝利會阻止你專注於真正想做的事。

就像時間的隕石坑，偽勝利形形色色。要是更新試算表耽擱了你原本選擇做為「精華」、比較困難但更有意義的計畫，那也是一種偽勝利。清理廚房也可能是偽勝利──如果那燒光了你原本要拿來和孩子相處的時間。Email 收件匣更是取之不竭的偽勝利來源。查看 email **始終**感覺像是一種成就，就算根本沒有新鮮事。「好，」你的大腦說：「我掌控一切了！」

該進入「雷射」模式時請提醒自己：「精華」才是真正的勝利。

32. 把分心轉化為工具

　　諸如 Facebook、Twitter、email 和新聞之類的「萬丈深淵」，都是會分散注意力的東西，但這不代表它們毫無價值。一開始，我們使用它們都是有理由的。當然，在某個時刻，習慣扎了根，查看 APP 成了預設值。但在那些自動例行程序底下，每一個「萬丈深淵」APP 還是有其真正用途的。祕訣在於有目的的使用它們，不要漫不經心地用。

　　一旦聚焦在 APP 的用途，就可以改變和它的關係。不要回應觸發（trigger）、提醒或干擾，你可以先發制人，把你最喜歡的 APP（甚至包括分心的「萬丈深淵」）當成工具使用。方法如下：

1. 先從釐清你**為什麼**要使用某種 APP 開始。純粹為了娛樂？為了和親朋好友聯絡？保持更新特定重要訊息？若是如此，它是否真的為你的人生增添價值？

2. 接下來，想想你打算在那項活動花多少時間——每天、每星期、每個月。仔細想想這個 APP 是不是完成活動的最佳方式。例如，你可能會用 Facebook 和家人保持聯絡，但那真的是最好的方式嗎？打電話會不會更好呢？

3. 最後，想想你想在什麼時候、用什麼方式達成目標。你也許會發現自己可以一星期讀一次新聞就好（#25）、把 email 留待最後處理（#34）。你也許會決定除了要分享寶寶照片的時候，一概不使用 Facebook。一旦決定，許多「生時間」的策略就能透過限制你在其他時間的接觸，來助你實行計畫了。

JZ

　　我以前常會花太多時間瀏覽Twitter，後來才決定把它視為工具。我覺得我想用Twitter傳播和我的作品有關的文字，並回應讀者的問題。但我明白，要做到那件事其實不用花多少時間，而且完全不需要看主頁的動態消息。現在，我只在筆電上用Twitter（不在手機上用），並且限制自己每天只能用30分鐘。為了妥善利用那30分鐘，我直接上Twitter的通知頁面（直接輸入網址）、跳過令人分心的動態。做完該做的事，我就會登出（#18），直到明天的每日Twitter時間。

傑克

　　我的自制力不如JZ，所以我用一種瀏覽外掛程式，限制自己每天只能看總共4分鐘的Twitter和新聞網站。這個限制訓練我加快速度。每星期2次，我會關掉外掛程式，花時間回覆最重要的訊息……好啦，還有讀幾篇tweet（欲知我們推薦的軟體，請上maketimebook.com）。

33. 當個一曝十寒的球迷

當球迷花了你多少時間？你有多少收穫呢？今時今日，你可以收看喜歡的球隊從熱身賽、例行賽到季後賽的每一場比賽，還有**其他每一支球隊**的每一場比賽——舒舒服服坐在客廳裡看。一年到頭都有無限供應的新聞、傳聞、交易、選秀、部落格、預測，永不停歇。就算你一天 24 小時時時更新，**仍然**有可能沒更新到最新資訊。

球迷不會只抽空欣賞；當球迷極耗情緒能量。當你的球隊吞敗，那糟透了，你會因此情緒低落，好幾個小時甚至好幾天都提不起勁[17]。就算你的球隊獲勝，你的興奮也會撞出時間的隕石坑（#30），因為你會克制不住地去看精華集錦或閱讀後續分析。

運動對我們有強大的掌控力。他們滿足人類一種天生的部族欲望。我們從小跟爸媽、家人、朋友一起看在地球隊長大。我們和同事、陌生人討論運動。每一場比賽和每一個球季都有不可預測的情節發展，但（不像真實人生）全都有涇渭分明的勝敗結果。對此我們深感滿足。

我們不是要你通通放棄，只是建議你當個一曝十寒的球迷，跨過這個黑暗面。只在特定時機看球賽，例如你支持的球隊打進季後賽時。球隊輸球，就別看新聞。把時間花在別的事情上，你仍然可以愛你的球隊。

---

17 1994 年的 NBA 季後賽，在西雅圖超音速隊敗給丹佛金塊隊 3 個月後，傑克依然沒寫幾句話就淚流滿面。

JZ

我的祖母凱蒂在威斯康辛州的綠灣（Green Bay）長大，她父親的高中足球教練是位名叫厄爾·「捲毛」·蘭博（Earl "Curly" Lambeau）的男人。NFL（國家美式足球聯盟）球迷都知道這個名字：綠灣包裝工隊（Green Bay Packers）就在「蘭博球場」打球，捲毛本人也是創隊元老之一。早在美式足球有電視轉播以前的年代，我的祖母就是包裝人隊的啦啦隊員——跟她就讀的綠灣東區高中借調的。

你可以說，對包裝工隊的癡迷就在我的DNA裡，這讓我很難當個一曝十寒的球迷。所以我採取略為不同的策略：我著眼於當包裝人球迷真正、真正好玩的部分。對我來說，那意味著跟朋友一起看球賽（一邊吃臘腸配啤酒更好），以及每兩年去蘭博球場看一次天寒地凍的主場賽事。

我原本可以花更多時間追蹤包裝工隊，看球隊新聞、分析關鍵球員、在球季外密切注意他們的消息。球季期間，我或許可以再享受一**點**，但那會多花**很多**時間。所以我只看精華集錦（那真的讓我開心極了），其餘時間則拿去做其他更重要的事情。

雷射策略
——放慢收件匣

以前我們常認為，空的收件匣是高效率的標誌。這些年來，受到大衛 · 艾倫（David Allen）和梅林 · 曼恩（Merlin Mann）等專家的啟發，我們將處理每一封收到的 email 設為每日目標。傑克甚至在 Google 創立 email 管理課，指導數百名同事清空收件匣的美德。

清空收件匣的技巧邏輯合理：只要清空訊息，就不會在工作時被訊息分散注意力。沒信件，沒掛念。如果你每天收到的郵件不多，這招效果不錯，但就像多數辦公室員工一樣，我們每天收到的郵件可比「不多」多得多。最後，email 彷彿自己有了生命力。原本是要清掉它以便能夠做自己的工作，但到頭來，email 喧賓奪主[18]。這是個惡性循環：我們回覆得愈快、愈多，對於立即回覆的期望就愈深切。

當我們開始為每日「精華」生時間，就了解到必須停止這種發狂似的 email 處理過程。過去幾年，我們已對收件匣踩了煞車。這不容易。但如果你想進入「雷射」模式、完成「精華」，我們建議你和我們一起奮戰，放慢你的收件匣吧。

你會得到的報酬不只是「雷射」模式。如果你降低查看 email 的頻率，研究顯示你可以減輕壓力，**並掌控全局**。2014 年不列顛哥倫比亞大學的一項研究發現，一天只查看三次（而非想看幾次就看幾次）email 的人，感受到的壓力輕得多。研究人員鄧恩（Elizabeth Dunn）和庫什勒夫（Kostadin Kushlev）指出：「在減輕壓力方面，大量減少查看 email 的次數，或許和一天數次想像自己在熱帶島嶼的溫暖海水裡游泳一樣有效。」或許更驚人的是，少看 email 通常能使受測對象**更善於**處理 email。在他們一日看三

---

18 2012年麥肯錫全球研究所的一項研究顯示，辦公室員工花在真正工作上的時間只有39%，其他61%都花在溝通和協調上。換句話說，那是關於工作的工作，而email占了近半的時間。馬不停蹄啊！

回 email 的那個星期，他們回覆的訊息大致相同，卻回得比平常快20%。減少查看 email 的次數，常能**生出**大量**時間**！

話雖如此，重新培養 email 習慣也是一件說比做容易的事。所幸，已從戒斷 email 再生的我們，可以建議幾個策略來改變你和收件匣的關係。

34. 把 email 留待最後處理

不要一早就查看 email、深陷其中而忙著回應其他人的優先事項，請在一天結束前再處理 email。如此一來，就可以把黃金時段用在「精華」或其他重要工作上。你的精神在下班前或許已沒那麼飽滿，但那對 email 其實是好事：你比較不會想隨便答應每一項請求，也比較不會把簡單回覆就能解決的事情寫成長篇大論。

35. 給 email 排程

為協助建立最後才看 email 的慣例，試著把它寫進行事曆。沒錯，我們希望你把「email 時間」這幾個字寫到行事曆上。當你知道你有為 email 挪出時間，就比較容易避免隨時把時間浪費在 email上。如果你把 email 時間排在某項堅定的承諾，例如會議或下班之前，你會得到額外的動力——email 時間結束，便大功告成。在指定時間盡你所能地回 email，然後轉往下一件事。

36. 一星期清空一次收件匣

我們喜歡收件匣空空如也的清爽，但不喜歡每天都花時間去清。JZ 把清空收件匣設為每週一次的目標：只要能在週末前搞定，他就認為自己很優秀。試試看吧。你仍然可以掃視收件匣，先找**真的**需要迅速回覆的訊息，就回覆那些就好。其他急事，你可以請朋友和家人透過訊息或電話聯絡你。至於不急的事，你的同事（和其他人）要學會靜候佳音。（請參考 #39，有更多重設溝通期望的訣竅）

37. 假裝訊息是信

我們會對 email 背負那麼大的壓力，多半是以為必須時時查看、立即回覆每一則新訊息。但你最好把 email 當成傳統的紙本信件看待──就是有信封、貼郵票的那種。「蝸牛信件」一天只收送一次。大部分信件都會在你的書桌待上好一會兒，你才會動手處裡。對 99% 的通訊來說，這麼做沒有問題。試著慢下來，以 email 真正的身分看待它：那只是傳統老郵件的一種炫目、打扮過的高科技版本。

38. 慢點回應

最重要的一點，要掌控你的收件匣，就需要轉換心態：從「愈快愈好」變成「能僥倖地愈慢愈好。」對於 email、聊天、簡訊和其他訊息，慢一點回應。讓幾個小時、幾天、甚至幾個星期溜走，再給人回音。這聽起來像乖僻到極點的舉動，實則不然。

在現實生活，你會在人們對你說話時回應。如果有同事說：「會開得怎麼樣？」你不會兩眼直視前方，裝作沒聽見。當然不會——那樣超級無禮。在現實世界的對話，立刻回答是預設值。這是**好**的預設值。既尊重人、又有助益。但要是把「立刻回答」的預設值搬到數位世界，你會麻煩纏身。

在線上，任何人都可以聯絡你，不只是在你旁邊、與你關係密切的人。他們是在**他們**（不是你）方便的時候提出問題，那些問題關乎**他們的**優先事項——不是你的。你每一次查看 email 或其他訊息服務時，基本上是在問：「現在有某甲或某乙需要我的時間嗎？」如果你立刻回應，你是在向他們及自己傳送這個信號：「我會停下我手邊的事，把別人的要事放在我的要事前面，不論別人是誰，不管他們想要什麼。」

細說之下，這聽起來很**瘋狂**。但這種立即反應的神經錯亂，卻是文化的預設行為。這是「馬不停蹄」的基石。

你可以改變這荒謬的預設值。你可以只偶爾查看收件匣，任訊息堆積如山，批次回覆（#4）。你可以慢點回應，生出更多時間給「雷射」模式，如果你擔心被當成怪胎，提醒自己，聚精會神、專注於當下，會讓你成為**更**珍貴的同事和朋友，絲毫不會減損你的價值。

「馬不停蹄」的立即回覆文化十分強大，你需要堅定的信念來加以克服和改變心態。相信你的「精華」吧：它值得優先處理，勝過隨意的干擾。相信「雷射」模式：單一焦點**會**比穿梭收件匣帶給你更多成就。也相信其他人：如果他們的事情真的急如星火，他們會親自或打電話找你的。

39. 重設期待

當然，當你限制 email 時間或拉長回應時間時，你可能需要管理同事和其他人的期望。你可以類似像這樣跟他們說：

> 「我會慢點回覆，因為我得優先處理一些重要的案子，
> 如果你的事情很急，請傳簡訊給我。」

這個訊息可以當面或透過 email 傳遞，甚至可以包含在自動回覆或簽名檔裡面[19]。這句話的措辭是經過精心設計的。「我得優先處理一些重要的案子」，這個理由十分合理，又夠含糊。你說會回應簡訊，則提供了「萬一事態緊急」的計畫，但因為傳簡訊或打電話的門檻比聊天室和 email 高，你被打斷的頻率理應會低上許多[20]。

你甚至可能不需要明講；你的行為會說明一切。例如，任職 Google Ventures 時，大家都知道我們兩個不會迅速回覆 email。如果同事需要我們快一點，可以傳簡訊或來辦公室找我們。但我們從來沒有在備忘錄發布我們的政策。我們就是慢，幾次後大家都心知肚明。那給予我們更多「設計衝刺」和寫作的時間。換句話說，更多時間給「雷射」模式，更多時間給我們的「精華」。

---

19 這是提摩西‧費里斯（Tim Ferriss）在《一週工作4小時》（*The 4-Hour Workweek*）書中介紹的構想

20 「因為」這個字本身即有強大的力量。在1978年一項研究中，哈佛研究人員做了影印插隊的實驗。當插隊的人說：「我可以先用影印機嗎？」前面的人有60%的機率會讓他插隊。但當他說：「我可以先用影印機嗎，因為我有東西要印？」他成功的機會竟高達93%。真是瘋了！大家都要影印，別無他法欸！「因為」是個神奇的詞。

　　有些工作（例如銷售和顧客支援）當然需要快速回覆。但大部分的工作，你因回覆得慢而受損的名譽（或許比你想像中輕微），可輕易由你為最有意義的工作爭取到的時間來彌補。

40. 設定「只寄不收」的 email

　　手機不收 email 固然很棒，但有時擁有**寄送** email 的能力仍有用處。好消息是，現在魚和熊掌可以兼得了。

JZ

　　2014年，當我決定試試「不分心」iPhone時，我很訝異自己好想念寄送email的能力。我猜當時我不了解，自己有多常寄簡短通知或提醒給自己，或用email和他人分享檔案或照片。我在Twitter問市面上有沒有「只寄不收」的iPhone APP。我被取笑了。

　　所以我問了朋友、軟體工程師休斯（Taylor Hughes）這件事，他幫我想出這個簡單的技巧：

1. 開設一個只用來外寄email的帳號。任何地方都可以設，但使用網路郵件服務比較容易加到手機上。
2. 設定email轉寄功能，以便任何回覆這個新帳號的信件直接轉寄到你平常的帳號，讓新帳號的收件匣永遠保持空白。
3. 把新帳號而非平常用的帳號加到手機上。

　　休斯的解決方案成效卓著。幾個月後，我的朋友，也是軟體工程師的沙達爾（Rizwan Sattar）對email只寄不收的概念深深著迷，遂為iPhone打造了一款名為Compose的APP。然後，當我改用Android系統，我發現好幾種只寄不收的email APP，其中有些甚至完全不需開設新帳號。你可以上maketimebook.com參考我們推薦的APP。

41. 度假請離線

你曾經收過像這類「不在辦公室」的 email 回覆嗎？

> 「我這星期休假、不會上線，無法收發 email，
> 但一回來就會回覆你的訊息。」

　　這個句子喚起某種遙遠冒險的畫面：杳無人跡的沙漠、位於育空（Yukon）的凍原，或探勘洞穴之類的。但這不見得**代表**那個人一定置身於沒有基地台的荒郊野外。那只是說她或他一個星期不會上網而已。

　　你度假的時候，也可以說一模一樣的話——不論你去哪裡。你可以**選擇**離線。那可能很難，因為大部分的工作場所雖未明說，暗地卻（瘋狂）期待你會在休假時查看 email。就算那真的很難，多半仍有可能。

　　這值得努力一試。度假期間，「雷射」模式相當重要。或許比平常更重要，因為度假的時光如此有限而珍貴。那是刪除工作email APP（#24）、留下裝置（#22）的大好時機。不管你去哪裡，你可以（也應該）離線，享受真正的假期。

42. 把自己鎖在外面

　　對某些人來說（咳，例如傑克），email 就是難以抗拒。你也許看了這些策略，想要付諸實行，卻發現自己缺乏那股意志力。別灰心，還有希望：你可以把自己關在收件匣外面。

傑克

　　就算經歷了這麼多年，就算現在我比較明事理，我仍無可救藥地愛著email。我仍一有機會就查，看看收件匣裡有沒有什麼新鮮刺激的東西。我無力抗拒。

　　沒錯，我的意志力為零。但我在限制email的使用上也超級嚴格。我的祕密是一款名叫Freedom的APP。有了Freedom，我可以事先排好時程，把自己鎖在email外面。我就是這樣應用「設計你的日子」的策略（#13）；那可以幫助我針對自己想要怎麼運用時間做好規畫，然後強迫自己照計畫行事，而不是即興創作。

　　為了創造完美的email時程，我問自己幾個問題：

問：上午，我最晚最晚可以幾點查看email而不耽誤什麼？
答：10點半。因為我和在歐洲的人共事，如果遲於早上10點半處理 email，他們看到回信可能是明天的事了。
問：我第一次查看email需要花多少時間？
答：30分鐘。超過30分鐘我就會嚴重精神渙散，但不到30分鐘可能沒有 時間回覆緊急、重要的email。

問：我每天最晚、最晚可以什麼時候第二次查看email？

答：下午3點。這給我時間回覆在美國的人。更重要的是，在3點以前給我足夠時間專注於其他事項。

　　一番自問自答之後，我設定Freedom，上午10點半之前把我鎖在網路一切種種之外。然後我有30分鐘查看email，然後Freedom又會把我擋在外面（這一次只擋email），從上午11點擋到下午3點。那時，我通常已經完成精華，而這仍留給我充分的時間在下班前回覆email。

　　最棒的是，我不必為了照這個時間表走、天天做困難的決定。我只需要改變我的預設值一次，讓那個APP代表我行使意志力。

　　如果你跟我一樣為email的愛／癮所苦，不妨排個時間表，然後把自己鎖在外面。事實上，任何「萬丈深淵」都可以這麼做。（請上maketimebook.com參考我們最新推薦的反鎖軟體）

雷射策略
———讓電視成為「難得的樂事」

我見過最具腐蝕性的技術叫做電視——

但話說回來，電視，在最佳狀態下，又好得不得了。

——史帝夫・賈伯斯（Steve Jobs）

　　電視，我們愛你。你帶我們穿梭時空、經歷他人生命的體驗。當大腦精疲力竭時，你協助我們放鬆、充電。但「生時間」的這個步驟，是關於掌控我們的注意力。還記得 92 頁提到的數據嗎？美國人每天平均要花 4.3 個小時看電視——一天 4.3 小時！那個數據太驚人了。抱歉啦，電視，我們得說：**你耗掉太多時間了。**

　　如我們所見，所有用來看電視的時間都是金礦：數小時的大好時光就在那裡，等你開採。一如往常，你只需要改變預設值。

　　你不必把電視扔掉。但別再天天看，讓它成為特殊的盛典。或者，借用傑克夫婦向孩子解釋為什麼不要天天吃冰淇淋的話，讓它成為「難得的樂事」。

　　這個改變不容易。天天看電視是強有力的預設，如果你的收視習慣已經自動化，你並不孤單。大部分的客廳是以電視機為中心做規劃。夜晚多半圍繞電視時間做安排。甚至在上班時，電視節目也是預設的閒聊話題。我們全都和電視一起長大，所以不會察覺它在生命裡占據了多少空間。

　　要是反抗這些文化規範，可以釋放出很多時間。哎呀，就算每天削減一個小時，甚至更少，也能產生巨大差異。不只是時間——你還可以釋放具創造力的能量，為「精華」所用。正如傑克在進行寫小說計畫時發現，如果你老是暴露於別人的想法，就很難靠自己思考了。

　　想掌控電視嗎？不妨試試以下實驗。

43. 不要看新聞

　　如果你只想改變一種收視習慣：別看新聞。電視新聞的效率奇差無比，是人頭特寫的無盡循環，不斷重複的報導、廣告和空洞的評論片段。多數電視新聞不但沒有替當天最重要的事件做摘要，反倒提供精心挑選、誘發焦慮的報導，目的在煽動情緒，讓你鎖定頻道，一直看下去。所以，請養成每天只看一次新聞的習慣，一星期一次更好（參考 #25）。

44. 把電視機放在角落

　　客廳大多是以電視為中心做擺設，使看電視成為預設活動。像這樣：

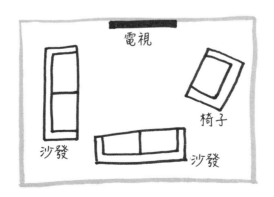

現在，調動家具的位置，讓看電視變得有點尷尬、不便。這麼一來，客廳的預設活動就會變成對話了。

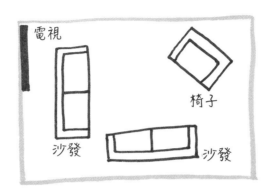

這是傑克的朋友辛蒂和史提夫想出的法子，他們是三個男孩的爸媽。「我們仍然可以一起看節目，」辛蒂說：「但新的擺設讓我們更容易說話。那個黑色長方形不再吸引房裡所有的目光。」辛蒂講到重點。關上的螢幕會乞求打開。如果你把它收到視線之外，或許會覺得它容易抗拒得多。

45. 拋棄電視、換成投影機

下一次選購電視機時，考慮買投影機和可以捲起來的投影螢幕。那是能像電影大銀幕播放，又比較便宜的方式。那也很難搞——每一次想看時都要安裝。這樣的麻煩當然是好事，因為那會關閉預設值。你會只想在特別的時機把投影機搬出來。而當你這麼

做，收視的經驗將美妙無比！這是兩全其美之策：偶爾有絕佳的收視經驗，其他時候則有更多自由時間。

46.「單點」，不要「吃到飽」

串流媒體訂閱的麻煩在於，**永遠**有東西在上面。就像你的客廳裡隨時有吃到飽的「分心百匯」。試著取消有線電視、Netflix、HBO 之類的訂閱頻道，一次租或買一部電影或連續劇就好。這個概念是把你的預設值從「讓我們看看上面有什麼」，變成「我**真的**想看什麼節目嗎？」聽起來頗極端，但不妨做個暫時性的試驗。如果你想回去，重簽合約**非常容易**。

47. 愛他就放他自由

你不必放棄電視，但如果你發現難以減少看電視的時間，你或許會想走極端，試試一個月不相往來。拔掉插頭、收到櫥櫃裡，或送到 10 哩外的倉儲、把鑰匙藏起來。做你得做的——一個月不看電視就對了。當一個月過去，想想你用多出來的時間所做的一切，再決定想把多少時間還給電視。

傑克

　　我會改變看電視的習慣純屬意外。我們一家子在2008年搬到瑞士時，決定把舊電視留下，最後過了18個月沒有電視的日子。我們沒有完全與文明隔絕：每星期兩次，我們會花99分錢下載「荷伯報告」（The Colbert Report），在電腦前面擠成一團。但大部分時間，確實沒東西可看。

　　我是和電視一起長大的，記不得有哪個時候它不是我日常生活的一部分。所以當我發現自己完全不想念它時，我很意外。人生總是有別的事情可以做：全家人一起吃飯、跟兒子玩樂高積木、散散步、讀讀書。如果真的想看電影，我們可以找DVD在電腦播放。我們偶爾會做這件事，但那些成了美好的特例，而不是日常必需品。

　　回到美國以後，我們好一會兒才發覺，原來我們已經沒電視了！當我們真的想起來時，又猶豫要不要讓它回到我們的生命當中。我們已經習慣用那些多出來的時間做其他活動。我們明白，假如又有電視，就會把預設值又調回「開電視」了。

　　直到今天，我把電視當成生命中「難得的樂事」已近10年，感覺超棒。我仍舊喜歡看影集，偶爾也看連續劇，但現在每當我做這些事，我覺得更有自制力了。我也能夠把多出來的時間金礦，花在寫作和跟兒子出去玩。就像冰淇淋，當我偶爾享用，而非每天大吃特吃，電視令人滿足得多。

雷射策略
———找心流

48. 關門大吉

> 把門關上就是昭告世界及自己，你不是說著玩的。
> ——史蒂芬・金（Stephen King），
> 《史蒂芬・金談寫作》（*On Writing*）

史蒂芬是對的。如果你的「精華」需要一心一意，那就幫自己一個忙，把門關上。如果你的房間沒有門，找一個你可以野營幾小時的地方。要是真的找不到，就戴上耳機——就算你沒有真的放音樂。

耳機和關上的房門是在暗示其他每一個人，你不應該被打擾，那也是給你自己的信號。你在告訴自己：「我需要專心去做的事就在這裡。」你在告訴自己，進入「雷射」模式的時候到了。

49. 自創期限

沒什麼比截止期限更能提高專注力了。當他人滿心期待地等待成果，要進入「雷射」模式便容易得**多**。

麻煩的是，期限通常是為畏懼的事情（例如報稅），而非為想做的事情（像練習烏克麗麗）而設。但這是很容易解決的問題。你可以自己創造期限。

自創的期限是「設計衝刺」的祕方。團隊在每個衝刺週的星期五安排顧客訪問，所以從星期一開始，大家都知道時鐘在滴答滴答地走。他們**必須**在星期四晚上之前解決難題，建立原型；畢竟，陌生人會在星期五現身哪！那個期限純屬捏造，但它幫助團隊連續五天，天天待在「雷射」模式裡。

你也可以創造截止期限來協助你，為想做的事情生出時間。直接報名參加五千公尺賽跑；還沒學會怎麼做義大利麵，就邀朋友來家裡共進晚餐；還沒畫好圖就登記美術展。或者你可以簡單地告訴一位朋友，你今天的「精華」是什麼，請他們盯著你把事情做好。

JZ

高中時我跑田徑賽也跑越野賽，但大學四年期間，我連在校園慢跑一圈都沒有（忙是忙，但我想，那跟當時與披薩和啤酒為伍的生活型態更有關係）。所以在我畢業後搬去芝加哥時，想方設法要重回長跑的日子。但我似乎就是挪不出時間。

那年夏天，朋友麥特・休伯（Matt Shobe）問我要不要參加芝加哥的巴士底日（Bastille Day，即法國國慶）五千公尺賽跑。我當下的反應是「不行，我還沒準備好，」但我隨即了解距離巴士底日還有一個多月，我有足夠的時間訓練，何況我**正在**找恢復跑步的理由。好啦，我參加！結果，那個承諾就是我需要的一切動力。

有了自創的期限，我為自己擬定簡單的訓練計畫，開始練跑。事實證明生出訓練時間沒那麼難、跑步很好玩，最後我甚至跑進20分鐘內。此後我就是自創期限的超級粉絲了。

50. 引爆精華

當你不知從何著手時，試著把「精華」分解成一連串容易下手的細項。例如，如果你的「精華」是「計畫假期」，可以讓它爆開成這樣：

- 查看行事曆，確定度假日期。
- 瀏覽旅遊手冊，列出可能的目的地。
- 和家人討論目的地，選擇最喜歡的。
- 研究機票網站。

請注意，每一項都包含一個動詞。每一項都很明確。此外，每一項都很小，且相對容易。我們是從生產力大師大衛・艾倫那裡學到這個技巧，對於把計畫分成具體行動，他這麼說：

把焦點轉移到你的心智感覺做得到、做得完的任務，真的能提升能量、方向感和動力。

在「生時間」的詞彙中，做得到的小事能幫助你創造動能，鎖進「雷射」模式。所以，如果你的「精華」令你不知所措，就給它加一點炸藥吧。

51. 播放雷射的配樂

如果你一直難以進入「雷射」模式，試試「cue 點」。

「cue 點」是讓你有自覺或不自覺行動的信號。那是查爾斯・杜希格（Charles Duhigg）在《為什麼我們這樣生活，那樣工作？》（*The Power of Habit*）書中所描述「習慣迴路」的第一步：首先，「cue 點」促使你的大腦啟動迴路。「cue 點」刺激你不假思考、透過自動化做出**慣常**的行為。最後，你會得到**回饋**：某種成果，讓你的大腦感覺美好，並鼓勵它在你下次遇到「cue 點」時執行同樣的慣例。

周遭環境就有許多「cue 點」，刺激我們做出沒那麼好的行為，例如炸薯條的香味會誘使我們縱情享用雙層起司牛肉堡。但你可以創造自己的「cue 點」，協助建立**良好**習慣，例如「雷射」模式。

我們建議你用音樂作為「雷射」模式的「cue 點」。試著在每一次進行「精華」時播放同一首歌或同一張唱片。比如傑克在開始超短健身（#64）時，會播放麥可・傑克遜（Michael Jackson）的「Billie Jean」和「Beat It」；每當他開始寫冒險小說，會放 M83 的「即刻入夢」（Hurry Up, We're Dreaming）[21]。每當他坐下來跟小兒子玩火車時，他會播放溫馴高角羚樂團（Tame Impala）的「搖滾趨勢」（Currents）。幾首歌之後，他就進入狀況了。音樂提醒大腦有慣例要走。

其他時候他不會播這些歌——特別的歌保留給特別的活動。重複幾次後，音樂便成為習慣迴路的一部分，可以提示他的大腦進入獨特的「雷射」模式。

要找出你的配樂，可仔細想想你由衷喜愛，但沒那麼常聽的歌曲。一旦選好配樂，就跟自己說好，以後只在想進入「雷射」模式時聽它。你選的「雷射」配樂一定要是你愛聽的；如此一來，聽它既是「cue 點」，**也是**報償。

將要搖滾的人，我們向你致敬。

---

21 要寫非小說時，他會放金屬製品（Metallica）的「傀儡師」（Master Of Puppets），但他覺得那很閃，打死不承認。

52. 設定看得見的定時器

時間是無形的。但未必非這樣不可。

我們想為你介紹定時器（Time Timer）。
我們該先聲明，定時器賣得再好我們也分不
到一毛錢，因為下面這些話聽起來會像公然
推銷。

簡單說，我們愛死了定時器。我們每一場「設計衝刺」都用定
時器。傑克家裡有五部定時器。定時器太神奇了。

定時器是為孩子設計的鐘。你可以設定從 1 到 60 分鐘的間
隔，紅色的區塊會隨時間流逝而慢慢消失。當時間歸零，定時器就
會嗶嗶響。就這麼簡單。真的太有才了——它讓時間變得**可以看見**。

在進入「雷射」模式時使用定時器，你會覺得急迫感立刻從內
心油然而生，但不會有任何不快。透過讓你看見時間正在流逝，定
時器會幫助你專注於手邊的任務。

傑克

我常在和小兒子玩的時候設定時器。我知道這聽起來很糟（想罵的
儘管罵），但那可以為他清楚顯示我們有多少時間，也提醒我這段時光
何其珍貴、稍縱即逝，我該全心投入，享受這一刻。

53. 避開酷炫工具的誘惑

最好的待辦清單 APP 是什麼呢？要塗塗寫寫，哪種筆記本和鋼筆最精美呢？最別致的智慧型手錶又是哪一款？

每個人都有自己的最愛。網路是許多「這個最好」、「做那件事這樣最酷」專文的大本營[22]。但這種對工具的執迷完全搞錯方向。除非你是木匠、技工或外科醫生，否則選擇完美的工具通常是在分散注意力——那只是在保持忙碌狀態，而不是做你真正想做的事。

幫筆電設定酷炫的寫作軟體，比真正寫你夢想已久的劇本來得簡單。買日本製的筆電和義大利製的鋼筆，也比真正開始塗塗寫寫來得容易。不同於查看 Facebook（大家都知道那是沒效率的事），研究和把玩酷炫工具**感覺**像在工作，但通常不是。

另外，當你採用簡單、取得方便的工具，要進入「雷射」模式也比較容易。如此一來，就算有東西故障、電池沒電，或是你把機件忘在家裡，工作也不至於中斷。

JZ

我曾深深著迷於酷炫工具。2006年時，我發現了完美的生產力軟體：一種簡單但強大，名叫Mori的APP，它可以容納無限客製化的筆記和歸檔。

我興高采烈，花了無數個小時在筆電安裝Mori、把所有專案載入其中。我是對的：那**確實**完美。Mori成了我腦袋的延伸。

但幾個月後，開始狀況百出。我替電腦的作業系統升級，卻發現Mori與新版本作業系統不相容。我想在家裡看筆記，才發現把筆電留在公司了。然後開發商完全關閉Mori。我簡直要發狂了。

那就是酷炫工具的另一個問題：它們很脆弱。從技術性的小毛病到我自己的健忘，都可以讓我進不去「雷射」模式、花時間在「精華」上。

在Mori突然消失後，我開始改用簡單、方便取得的工具來管理我的工作：電腦上的文件夾、手機上的筆記本、基本的便利貼、飯店免費使用的鋼筆之類的。十多年後，我的日常工具運作得和往常一樣順暢。每當受到新酷炫工具的誘惑時，我都會記起Mori的教訓。

54. 從紙上開始

在「設計衝刺」中我們發現，關掉筆電、改用紙筆，效率確實較佳。你個人的計畫也一樣。

紙能提高專注力，因為你沒辦法浪費時間挑選完美的字體或搜尋網路，而不賣力進行「精華」。紙也沒那麼可怕，多數軟體都是設計來引領你走完一系列步驟、來到成品，紙則允許我們自行尋找抵達構想的途徑。紙開創無限可能，因為文書軟體是專為一行一行的文字設計，試算表軟體是專為圖表和重點提示設計。在紙上，你做什麼都不成問題。

下一次當你難以進入「雷射」模式時，收好電腦或平板電腦，拿枝筆吧。

---

22 事實上，對小機件、APP、工具和用品的討論，在網路受歡迎的程度僅次於貓咪影片。資料來源：我們自己做的「連結點選研究」。

雷射策略
——保持良好狀態

進入「雷射」模式只成功一半，你還得維持良好狀態，繼續專注於「精華」才行。心無旁騖很難，難免會受到外界誘惑。以下是我們最喜歡的甩開誘惑、專注於真正要事的技巧。

55. 列一張「隨機問題」表

為手機或瀏覽器覺得焦躁不安是很自然的事。你會懷疑自己是否收到新的 email[23]。你會有股灼熱的欲望，想知道**某部電影的男主角是誰**[24]？

別一感覺焦躁就急著反應，不妨把問題寫在一張紙上（**亞馬遜的羊毛襪一雙多少錢？Facebook 有新動態嗎？**），知道那些迫切的題目已被寫下來留待研究，你就可以放心待在「雷射」模式裡了。

56. 注意一次呼吸

專注於一次呼吸帶給身體的感覺：

1. 用鼻子吸氣。注意空氣充塞胸部。
2. 用嘴巴吐氣。注意身體變得柔軟。

如果你願意，可以重覆進行這個動作，但要重新聚精會神，真的一次呼吸就夠。專注於身體，可以關閉腦海裡的噪音。僅為時一次呼吸的停頓，也能將你的注意力帶回你想要的地方——你的「精華」。

---

23 是的，你有。

24 是皮爾斯・布洛斯南（Pierce Brosnan）啦。

57. 無聊也無妨

　　分心事物被剝奪殆盡後，你可能會覺得無聊，但無聊其實是好事。無聊能給你的心靈漫遊的機會，而漫遊常能帶你到有趣的地方。在幾項獨立研究中，賓州州大和中央蘭開夏大學的研究人員發現，感覺無聊的受測者在解決創意問題方面，表現得比不無聊的同儕好。所以下一次當你好幾分鐘覺得刺激不夠時，坐著別動。你無聊嗎？恭喜你[25]！

58. 卡住也無妨

　　卡住跟無聊有一點點不同。無聊是無事可做，卡住則是你知道自己**想**做什麼，只是大腦不確定該怎麼往前走。也許你不知道接下來要寫什麼，或不知道新的企畫案如何起頭。

　　離開卡卡村的簡單途徑是做點別的事情。查看手機；匆忙寫一封 email；打開電視。這些事情簡單得很，但會打斷你為「精華」騰出的時間。卡就卡吧，但別放棄。**盯著空白的螢幕，或改用紙筆，或起來走一圈，但要把注意力放在手邊的案子。**就算意識感覺受挫，你腦中某個安靜的部位仍在運作，仍有進展。最後，你會脫出泥淖，那時你會慶幸自己沒有放棄。

25　如果你想知道那些研究人員是怎麼讓受測者感覺無聊：賓州州大播放無聊的影片，中央蘭開夏大學則讓受測者抄寫電話簿的電話號碼。研究人員真是蠢蛋。

59. 放一天假

如果你試過這些技巧，仍進不了「雷射」模式，別毒打自己一頓。你也許需要放一天假。能量（特別是創意的能量）可能會波動，有時你就是需要時間補充。大部分的人不能想休假就休假，但你**可以**允許自己慢慢來，別著急。試著在一天中真的休息幾次（#80），並轉換成開心的、能助你提振活力的精華。

60. 全心投入

我們深信休息的好，但有個替代方案。這個策略來自一位真實的現代僧侶：

> 要知道，疲憊的解藥未必是休息……疲憊的解藥是全心全意。
> ——達味修士（Brother David Steindl-Rast）

好，讓我們聊聊「全心全意」的概念。全心全意就是完完全全投入、毫不保留，是拋開謹慎，允許自己關心你的工作、關係、計畫、任何事情。熱情、誠摯地獻身給這一刻。

我們相信全心全意是這本書相關一切的根本：用心、專注、為重要的事情生時間。而達味修士主張的全心全意（至少對我們來說），是進入雷射模式的新途徑。

當然，身體的休息和精神的放鬆都極為重要。但如果你覺得累壞了而無法專心，達味修士說你不見得需要停下來休息。有時候，如果你全心投入，縱情擁抱眼前的任務，也許會發現更容易集中精神。你也許會發現能量**已經在那裡**了。

　　這聽起來像激進的主意，但我們見證過它的成效。我們見過在「設計衝刺」期間，有機會全心全意投入工作的團隊，最終都能聚焦於他們真正在乎的事，進而活力充沛。我們自己也嘗過箇中滋味。

傑克

　　這是我的親身經歷，就發生在我把手機裡的一切通通刪掉的那天晚上。在此之前，我的注意力一直在跟孩子玩和看手機之間擺盪。我常會保留、節省能量。但當我全心投入、全神貫注於組裝木頭火車軌道、一邊學火車嗚嗚叫時，疲憊一掃而空。

JZ

　　每當我揚帆出海，都會有此感受。那真的十分累人——要保持警覺、不斷換檔變速、輪流睡頂多兩、三個鐘頭的覺——但那是值得全心投入的經驗。不管我感覺多累，當我出海，我就會全心全意接受挑戰。所有疲憊、緊張或不安頓時消失無蹤。

　　全心全意並不容易。在你回應「萬丈深淵」或「馬不停蹄」時更是如此。如果你習慣「淡然處之」，你可能需要一些練習才能卸下心防，讓自己再次熱情澎湃。

　　但最大的阻礙，或許是你的心其實並未放在手邊的任務——例如你做的工作不適合你。事實上，那正是達味修士那句話的背景：他建議一個工作疲累不堪的朋友離開，專注於他的熱情。我們不是建議你離職，只是提醒你，積極尋找可以盡情揮灑熱情的片刻非常重要。如果你選擇能樂在其中的方式來花時間，全心全意就沒那麼難了。

第三篇

提振活力

166

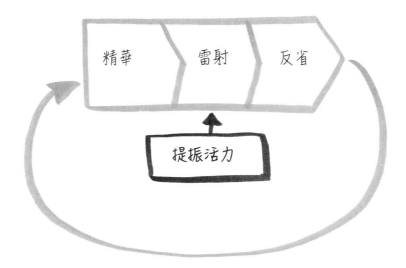

> 我喜歡大學教授，但你也知道……
> 他們把身體看作運輸腦袋的工具，對吧？
> 那是讓他們的腦袋聚會的方式。

——肯・羅賓森爵士（Sir Ken Robinson）

　　截至目前為止，這本書裡聊到各種生時間的方法，包括選擇在哪裡集中心力、調整行事曆和裝置，以及阻擋分心事物來提升專注力。但還有一個，可說是更基本的生時間之道。如果你每天都能提振活力，就能將那些原本可能因身心倦怠而錯失的時刻，轉變成可為「精華」利用的時間了。

你，不只是腦

　　想像你的體內有顆電池。你的能量都儲存於電池裡，就像手機或筆電的電池，電量可以一直充到 100%，也可以一路耗用到零。

　　當你的電池空了，你便筋疲力盡——你覺得被榨乾，甚至意志消沉。這就是你最可能為 Facebook 和 email 等「萬丈深淵」分散注意力的時候。然後你會覺得更糟，因為你又累**又**氣自己浪費時間。那是電量 0%。爛斃了。

現在，想像你的電池充飽時會有什麼感覺。你腳步輕快；你覺得獲得充分休息，思想敏銳、肢體靈活、精神抖擻；你準備就緒，可以承接任何案子──不但準備好了，而且躍躍欲試。你可以想像這種感覺嗎？挺好的對不對？那是電量100%。

選擇「精華」和進入「雷射」模式是「生時間」的核心。但祕方是「提振活力」。我們的論點很簡單：擁有活力，就比較容易維持注意力和優先事項，避免回應分心事物和別人的需求。電池充飽，你就有聚精會神、清晰思考、把時間用在眼前要務而非預設值的力量。

要獲得所需的能量來維持專注、高效的腦袋，你得好好愛護你的身體。當然，人人都知道大腦和身體息息相關。但今時今日，我們很容易感覺大腦是唯一重要的部分。當坐在會議室、開車、用電腦、亂玩手機時，我們活在大腦裡。噢，當然，我們的指頭按來按去、我們的屁股讓我們待在椅子上。但大致而言，身體只是大腦的滑板車：一種有效但笨拙的運輸工具。

這種大腦歸大腦、身體歸身體的概念是在生命初期建立，之後一再強化。在成長過程中（傑克在華盛頓州的鄉下長大，JZ在威

斯康辛州的鄉下長大），我們在數學、英文和社會課上用腦，在體育課和運動團隊鍛鍊身體。這是兩個分離的世界，大腦在這裡，身體在那邊。

大學時期，我們的大腦有更多事要幹，運動則不再是必修課。當謀得全職辦公室工作後，大腦更忙、行事曆更滿，照顧身體變得更不方便。而我們做的事情跟多數人一樣：我們試過每一種可以用的工具和花招，好讓大腦更有效率，卻把身體擱在一旁。這是兩個分離的世界，大腦在這裡，身體在**遠遠**的那邊。

今日世界的預設值認定是大腦在驅動巴士，但巴士其實不是這樣運作。當你不愛護身體，你的大腦就做不了它的工作。如果你曾在飽餐一頓後覺得懶洋洋提不起勁，或在運動過後覺得生氣勃勃頭腦清楚，你就會明白我們的意思。**如果你想要腦袋活力充沛，就需要好好照顧身體。**

但，身體要怎麼好好照顧呢？坊間有數不清的科學研究、書籍、部落格文章和名嘴，隨時都在告訴你要怎麼提振活力。坦白說，那挺混亂的。你是該多睡一點或訓練自己少睡一點？有氧運動最好嗎？還是重量訓練？當科學共識不可避免地變來變去（例如以前警告我們別吃脂肪，現在又建議我們吃了），你該怎麼辦？

我們花了很多年試圖釐清所有建議，特別是尋找最好的方式來為大腦補充能量，以利生出更多時間。最後，我們發現你需要明白的提振活力做法，99% 就在人類歷史中。你只需要回到過去看個究竟。

你聽到劍齒虎的吼聲醒來

你揉揉眼睛，伸伸懶腰，不知自己身在何方。你正躺在一座濃密森林邊緣的草地上，黯淡的曙光穿過樹縫射過來。你的身邊有張紙條：

嗨！你穿梭時空，回到五萬年前了。

你胃痛如絞，頭昏眼花。你原本打算喝杯卡布奇諾、吃個可頌，但義大利和法國還要等 48,900 年才會創造出來。遠方，另一陣吼聲迴盪群山之間。今天，你覺得一定會很慘。

但……沒那麼慘。

首先，你遇到一個名叫烏爾克的在地人，他靠採集狩獵維生，看來就像你印象中典型的穴居人。他披著美洲獅毛皮做成的外衣，留著大把會讓任何潮男相形見絀的鬍子。

一見到你，烏爾克好不驚訝。他擺好姿勢，揮舞他的石斧。但細看你荒謬的衣著和髮型，他頓時明白你構不成嚴重威脅。烏爾克笑了，你也笑了，僵局就此化解。

HA HA HA!

　　烏爾克舉止粗魯,他的毛皮相當耐洗,但他本人是個酷哥。他把你介紹給過採集狩獵生活的族人認識,他們帶你出發摘採莓果。那條路線長達數哩,在夕陽西下之際,你累壞了。你和大夥兒共享鹿肉當晚餐,然後你舒服地蜷在一張暖和的長毛象獸皮底下,凝望星空,墜入幾年來最香甜的一夜好眠。

　　接下來幾星期,那群採集狩獵者教你一些基本事項:怎麼製造你專用的石斧、怎麼辨別有毒的植物、怎麼揮手把鹿趕往擲矛手的方向。

　　每天你都要走好幾哩路。每天你都有很多時間恢復,和其他人一起用餐,或獨自磨你的矛,或做白日夢。你的身體愈來愈強壯,心理愈來愈輕鬆。一天晚上,當你和族人在一個不錯的大洞穴裡紮營,你靈機一動。「嘿,大家,」你說:「這面牆超適合畫石洞壁畫欸!誰要畫?」

　　當然沒有人回應,因為他們不會說英語。但你不在乎。你已經告訴自己,你有朝一日將學會畫畫,而且明天就要騰出時間開始。

　　歡迎回到 21 世紀。別擔心,這不是鼓吹你重回史前生活,改採全腰果飲食,或是赤腳跑步、全身上下只披一塊鹿皮。介紹烏爾

克給你是有重要原因的：我們相信史前時代的人類有許多方面值得效法——與身體和腦袋有關的事。在現代世界看似瘋狂的時候，記得智人是演化成採集狩獵者，而非螢幕觸摸者和文書官僚的事實大有幫助。

史前時代人類吃多樣化的食物，且常常要等一整天（或更久）才有像樣的一餐吃。不停、不停地動是常態。走路、奔跑、搬運，偶爾穿插短時間較密集的勞力。但也有足夠的空閒和家庭時光：人類學家估計古人類一星期只「工作」30 個小時。他們在互動密切的社群裡生活和工作，面對面溝通是唯一選項。當然他們也有充分的睡眠，日出而作，日落而息。

我們是古人類的後代，但人類的物種演化沒有周遭世界那麼快。那意味著我們的先天構造仍是為「不停地動」、種類豐富但相對少量的飲食、充足的安靜、大量的面對面時光，以及符合晝夜規律、充分休息的睡眠而設計。

現代世界雖然美好，卻預設為截然不同的生活方式。肢體活動預設為坐。人類的互動對象為螢幕。食物包著塑膠，睡眠常被當成附加物勉強擠進日子裡。我們到底是怎麼淪落這般田地的？

現代的生活方式純屬意外

智人大約在 20 萬年前於非洲出現。接下來的 18 萬 8 千年，人人都有同樣的工作職稱——採集狩獵者，而我們的日子就像烏爾克的日子。然後，大約 1 萬 2 千年前，人類開始耕作，多數人停止游牧生活，開始在村鎮定居。「農業革命」這個名詞聽起來像是什麼天才的突然展現，但這樣的改變可能純屬偶然，而且是經過好幾代逐漸發生的。相較於採集狩獵的生活，農務和村子裡的生活爛斃了。空閒時間驟減，暴力和疾病遽增。不幸地是，我們回不去了[26]。

　　人類繼續向前走。幾千年後，我們從木材改用化石燃料。人類掌控了蒸氣和電力。然後，在過去一、兩個世紀，事情更趨瘋狂。人類創造了工廠、發明電視，然後沉迷其中，配合電視時間改變睡眠作息。人類發明了家用電腦、網際網路和智慧型手機。每一次，人類都圍繞著新發明調整生活。每一次，我們都無法回頭。

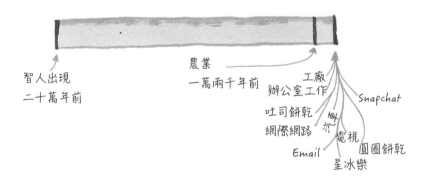

前二十萬年
毫無變化，然後一切驟然改變

智人出現
二十萬年前

農業
一萬兩千年前

工廠
辦公室工作
吐司餅乾
網際網路
Email
星冰樂
電視
圓圈餅乾
Snapchat

---

26 請參閱哈拉瑞（Yuval Noah Harari）的《人類大歷史》（*Sapiens*）一書，那引人入勝地記錄了農業革命的性質和其意外（但不可逆）的後果。

今天的世界不是天才設計的烏托邦。那是在非常偶然的情況下，由主宰前一、兩百年、數十年，甚至僅僅數年的技術所塑造。我們是為一個世界建造，卻活在另一個世界。在智慧型手錶、別致髮型和工廠製造的設計師牛仔褲底下，我們是烏爾克。

那麼，我們可以怎樣為穴居人的腦袋和身體，補充做現代工作所需的能量呢？在科學家、健康大師和勵志書作者（嗯哼）排山倒海、令人眼花撩亂、有時互相牴觸的建議之中，烏爾克是你的明燈。像烏爾克那樣生活，你可以回到基本事項——更接近人類演化的生活方式，又不致於失去現代世界的美好事物。

別誤會了，史前時代可不是嬉戲玩耍就好。烏爾克沒有抗生素或巧克力可吃，而且用樹枝剔牙。但只要採用一些烏爾克式的小行動，你就既能充分利用二十一世紀的好，又能擷取老派智人本質之善了。

效法穴居人，創造能量

回歸基本事項的概念，代表一個絕佳機會：現今生活無法與採集狩獵者的身體配合，我們有很大的改善空間。收益最高的方法，也就是能以最小改變創造最大效益的方法，是依循下列原則：

1. 動就對了

烏爾克經常走路、搬東西和勞動。當我們在動的時候，身體和大腦運作得最好。要幫你的電池充電，不必訓練跑馬拉松或參加戰鬥營。只要動個2、30分鐘就能幫助大腦運作得更好、減輕壓力、提振心情，**還有**改善睡眠品質，為隔天供應更多能量——是非常正向的回饋迴路。我們會建議許多在日常增加活動的策略。

2. 吃真正的食物

烏爾克吃他找得到、抓得到的東西：蔬菜、水果、堅果、動物。今天，我們被人類「發明」的食品和加工食品團團包圍。我們不是要你徹底翻修飲食習慣，但會建議一些策略來改變預設值，遠離假食物，像烏爾克那樣吃東西。

3. 善用咖啡因

好啦我們知道，史前時代哪來的咖啡館。但既然我們在聊大腦和身體的話題，談談咖啡因至關重要，因為那是如此簡單方便的活力提升法。

4. 離線

在烏爾克的世界，幾乎沒有什麼事情發生。除了偶爾有乳齒象衝過來，沒有什麼突發新聞。靜，是常態，人類演化成不僅能忍受寂靜，還能利用寂靜做有成效的思考，或心無旁騖地工作。今天，持續不斷的噪音和分心事物對你的活力和集中注意力的時間都是災難。我們會告訴你尋得安靜片刻的簡單方法，例如離開螢幕休息一下、把耳機留在家等。

5. 當面來

烏爾克是社交性動物，會和朋友面對面互動。今天，我們的互動大多是螢幕對螢幕，但你可以復古一下，找到能幫你充電的人，跟他們聚一聚。這是很容易的石器時代心情提振法。

6. 在洞窟裡睡覺

根據密西根大學 2016 年的一項研究，美國人每天晚上大約會在床上度過 8 小時，英國人、法國人、加拿大人也相仿。這雖然是看似相當不錯的睡眠量，多數人仍睡眠不足。這是怎麼一回事？睡眠品質比量來得重要，而我們的世界充滿一夜好眠的障礙──從螢幕、作息到咖啡因不等。烏爾克的每一晚都依循著可預測的規律，他睡在一片黑暗中，從來不會躺在那裡煩惱 email。我們會聊聊你可以怎麼仿效他，來獲得更好的休息、更好的感覺和更好的思考。

不用說，我們了解。諸如此類的建議──**多運動！吃健康一點！過原始人的生活！**──知易行難。那就是為什麼我們不會在這些高級哲學止步，而會非常具體地說明如何一次一小步地，將這些構想付諸實行。現在就讓我們插上插頭，給電池充電吧。

提振活力策略
————動就對了

61. 天天運動（但別逞英雄）

你每天做的事比你偶爾做的事重要。

——葛瑞琴・魯賓（Gretchen Rubin）

讓身體動一動，是幫你的電池充電的最佳方法。但你不需要冗長、複雜的訓練。我們的理念很簡單：

大約運動二十分鐘……

研究顯示，運動對於認知、健康和心情的最重要效益，只要二十分鐘就可以獲得。

……每天……

運動提振的活力和心情會維持大約一天，所以，如果每天都要感覺愉快，每天都做點運動吧。這還有個額外紅利：每天的習慣比有時候的習慣更容易維持[27]。

……（給自己一點肯定）。

別硬是要求完美。如果你這星期的 7 天只有 4 天有辦法運動，嘿，4 天比 3 天好嘛！如果今天你沒有力氣花 20 分鐘健身，就做 10 分鐘吧。有時候，10 分鐘的散步、跑步或游泳會變成 20 分鐘或更久，因為那感覺真棒——你一動就不想停下來。其他時候，真的只能 10 分鐘，但 10 分鐘也好啊。聊勝於無，你仍然可以提振活力[28]。

此外，光是穿好運動服出門去的簡單舉動，就能強化運動習慣，讓你更容易激勵自己在未來做更久運動。

「這樣就夠」的方法需要調整心態，因為對於運動究竟是什麼，多數人都有先入為主的觀念。那些觀念往往和自尊關係密切。不論我們自認是籃球員、攀岩手、瑜珈大師、跑者、自行車手或游泳健將，很多人對於何謂「真正的運動」都有成見。未達那個標準就不算數，就算理想的「真正運動」並不非常適合我們的生活。

現代文化鼓勵我們對運動抱持不切實際的期望。鞋商督促你做得更多、更快、更好。雜誌標題呼喊雕塑腹肌、操爆核心肌群的方法。人們會在自己的車上貼「26.2」的貼紙，誇耀自己跑過全馬；這還沒完，跑過超馬的會貼「50」和「100」，來向弱爆的全馬選手宣示誰是老大。

我們這種凡夫俗子又該做何感想？真的要訓練超級鐵人三項或用牙齒咬鐵鍊拉動 18 輪卡車，才算真的運動嗎？答案是否定的。祝福那些超馬選手登峰造極，然後別理他們。做輕量級的，天天做——或者盡可能天天做。

改做每天都做得到的運動，這可能代表你得放棄吹噓的權利，可能代表得放棄理想的活動，轉向你確實能持之以恆的鍛鍊。做這種心理調適相當艱難。我們沒辦法幫你做，但可以給你許可：不完美是沒有關係的。要論斷你這個人，絕不只是看你流汗多寡而已。

---

27 好啦，我們知道你需要「休假日」。但如果你以每天運動為目標，你很有可能會因為排程、天氣和其他干擾而意外獲得幾天休假。就算是休假日，你或許也可以散散步。

28 關於輕度運動和大腦的研究令人咋舌。比如 2016 年荷蘭一項研究就發現，運動能提升短期記憶力，甚至可喚起運動前數小時獲得的資訊。2017 年康乃狄克大學的研究則發現，輕度肢體活動（例如散步）能提升心理幸福感，劇烈的活動則無正面亦無負面效應。這類研究族繁不及備載。欲徹底檢視（並徹底享受）一般少量運動如何影響大腦的科學，請參閱麥迪納（John Medina）的《大腦當家》（*Brain Rules*）。

傑克

以前我常自認是「認真的籃球員」。在我心裡，沒有一星期打4天、一天打3小時，就不算真的運動。但有了小孩和工作，這種運動量顯然無法維持。我有時會拚命打，連打好幾天，一天打好幾個鐘頭——累個半死、常把自己弄傷、工作進度落後——然後好幾個星期、好幾個月沒辦法做任何運動，覺得無比罪惡。要嘛傾盡全力，要嘛什麼都沒有。

我還記得我改變運動心態的那一刻。那天我在連打3小時籃球之後，拖著扭傷的腳踝一拐一拐地進辦公室，癱在辦公桌上，身心俱創。我沒有力氣工作了；我的滑鼠彷彿有千斤重。

然後一個畫面閃過腦海：**前一天**早上，我在家裡附近慢跑10分鐘，一邊推嬰兒車讓兒子可以感受新鮮空氣。那原本是我的運動自尊覺得不夠格的輕量級運動：這樣的距離根本「不算數」。但慢跑的那天，我精神抖擻地來上班、聚精會神好幾個小時，最終完成了一項重要設計案。

「天啊，」我想：「我得改弦易轍才行。」籃球當然很好玩，是不錯的運動。但我每次都打得太過火，反而讓它變成疲勞和受傷的處方。

就在那一刻，我決定降低運動標準，只要有做運動，無論多寡，都嘉勉自己一番。當我不能或不該打籃球時（多數日子如此），我會跑步，不能跑步就散散步。

我的親身經歷和科學不謀而合。做一點運動的日子，我感覺比較好：沒那麼緊繃、更有活力，整體而言比較快樂。不同於逞英雄之舉，適量的日常運動慣例可以維持。跑步、散步成了真正的**習慣**——最後會有點像自動導航那般運作。我仍偶爾打一下籃球，但那不再是唯一合格的運動。藉由這般允許自己每天只做一點點，我快樂多了。

62. 徘徊街頭

　　我們是生來走路的。在人類進化史上，直立行走的能力其實發展得比我們大而會思考的腦來得早。但在現代世界，人類卻預設用自動化運輸。多數人不管要去哪裡都可以開車或搭公車、捷運、火車，藉由讓**不**走路變得如此容易，這種預設值剝奪了提振活力的大好機會。

　　就事實而論，走路對你真的、真的好得要命。哈佛大學和梅約醫學中心（Mayo Clinic）等機構的研究報告顯示，走路能幫助你減重、預防心臟病、降低罹癌機率、降低血壓、強化骨骼，並透過分泌鎮痛的腦內啡（endorphin）讓你心情愉悅。走路是名副其實的萬靈丹。

　　走路也有助於生出用來思考、做白日夢和沉思冥想的時間。JZ常用走路時間來計畫及斟酌他的「精華」。有時他會在腦中替新章節、部落格文章和故事擬稿。但走路不是非得那麼有禪意不可。你可以邊走邊聽 podcast 或有聲書，甚至可以邊走路邊講電話（視你在哪裡走路而定。對嚴肅的對話來說可能太吵，但打電話問候媽媽剛剛好）。

　　每天走路不見得是「要多做的事」。試著用步行代替平常的通勤模式。如果距離太遠，或許可以走其中一段路就好。早一站跳下公車或捷運，用腳走完剩下路程。下一次開車進大型停車場時，不要找最理想的位置，儘管停遠一點。如果你把預設值從「能開車就開車」改成「能走路就走路」，就會看到處處是機會。

總而言之，走路或許是世上最簡單又最方便的運動形式，但簡單歸簡單，它可是能為你的電池充入強大電力。改寫歌手南茜‧辛納屈（Nancy Sinatra）的話，你的腳是為走路做的——而走路正是雙腳該做的事。

JZ

2013年，我的辦公室從郊區搬進市區，大約離家2英哩。我決定開始走路上班，因為，有何不可？舊金山的天氣宜人，公車擁擠，而我根本付不起商業區的停車費。

隨著走路成為習慣，我發現一件驚人的事：我覺得開始走路上班後，我有**更多**時間了。理論上，走路花的時間比開車或搭車來得久，但感覺起來不是那樣，走路創造了我可以用來思考和在心裡運作「精華」的時間。

63. 讓自己不方便

好，我們知道不管去哪裡都走路（就是前一個策略給你的建議），相當不便。但那是故意的。我們認為，選擇不便是在健身房外找機會運動的高招。只要你願意把預設值從「方便」改成「提振活力」就行，比如這樣：

1. 自己做菜

搬食品雜貨、在廚房裡走來走去、提舉東西、切剁、攪拌——

全都需要動一動身體。對一些人來說，做菜是沉思的時間；那是生出思考或反省時間的絕佳方式。對其他人來說，做菜非常愉快，也是和親朋好友面對面相處（#81）的藉口。何況，你在家料理的食物可能比餐廳裡的食物健康，因此更能提振活力。

2. 爬樓梯

電梯超級方便，但有點尷尬，不是嗎？你眼睛該看哪裡？你該跟會計部那個傢伙打聲招呼但眼睛繼續盯著手機嗎？（無意冒犯會計人員。我們愛你們！）省下這些會引發壓力的決定，動一動，爬樓梯吧。

3. 用沒有輪子的手提箱

拋棄滑輪式旅行箱，改用提的吧。把它當作一場迷你重量訓練，只是地點在機場而非健身房。你懂的，到處都有不方便的機會！

傑克

等等。滑輪行李箱是自火以來最棒的發明。我可不會放棄！

當然，這裡該解釋一下，我們兩個都是偽君子。我們喜歡方便，從美食外送 APP 到電扶梯到……唔，車子。我們並非建議完全排拒現代生活的便利，只是建議你有時要向便利說「不」，讓便利成為有意識的決定，而非人生的預設值。

64. 擠出時間做超短健身

有時候，看似好得不像真的的事情結果又好又真。那就是為什麼我們是高強度間歇訓練的粉絲。那是種重質不重量的運動方式。在高強度間歇訓練中（或我們所謂的「超短健身」），你要完成一系列簡短但激烈的動作。你可以選擇伏地挺身、引體向上、深蹲等徒手重量訓練。你可以短跑，可以舉重。只要 5 到 10 分鐘就能完成相當不錯的健身。

最棒的是超短健身真的能提振活力。而且它不是「真正」運動的省時替代品。事實上，整體而言，高強度的運動比我們以為必要、費時較久的中強度運動還要好。《紐約時報》歸納數項科學研究指出：「7 分鐘左右相對懲罰性的訓練，效果可能比 1 小時以上較緩和的運動更好。」更好的成效、較少的時間、不用花錢、不用裝備：聽起來好得不像真的。

這種好得不像真的的運動，在烏爾克世界的背景司空見慣。你可以想像他打獵滿載而歸，或為了更好的視野攀上山峰而搬扛、推拉、攀爬等等。超短健身不該是你唯一做的運動，但它確實是又快又方便的充電方式。

如果你想試試看，這裡有兩個選項：

7分鐘健一身

　　以美國運動醫學學會《健康體適能期刊》（*Health & Fitness Journal*）2013 年一篇文章為基礎，經《紐約時報》大力宣傳，「7 分鐘健一身」將 12 項簡單、迅速、獲科學證實的運動，結合成只需耗時 7 分鐘的程序（每項持續 30 秒，休息 10 秒再做下一項）。你甚至不用花腦筋——有 APP 引領你做完所有動作，請上 maketimebook.com 看我們的推薦。

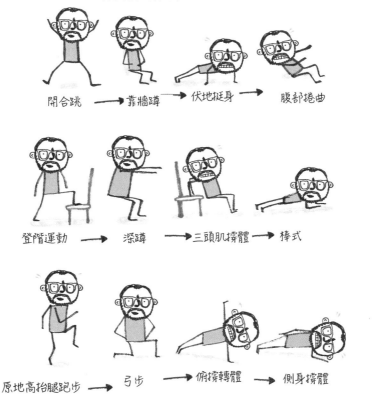

開合跳　→　靠牆蹲　→　伏地挺身　→　腹部捲曲

登階運動　→　深蹲　→　三頭肌撐體　→　棒式

原地高抬腿跑步　→　弓步　→　俯撐轉體　→　側身撐體

JZ的3×3運動

或者你可以學 JZ 簡單一點。

1. 做一組伏地挺身，盡量多做幾下，然後休息 1 分鐘
2. 做一組深蹲，盡量多蹲幾次，然後休息 1 分鐘
3. 做一組舉重（引體向上、彎舉之類的都可以），盡量多舉幾下，然後休息 1 分鐘

盡量多做幾次 → 盡量多 → 盡量多做
伏地挺身　　　做幾次深蹲　　幾次舉重

JZ

　　如果我沒時間去公園拉單槓，就會在家裡舉重物。例如椅子、一袋書或用樹墩做的茶几。那不怎麼精緻，但能讓我的健身簡短又簡單。另外，舉**物品**（而非舉重或操作健身房的機器）比較接近祖先在現實世界使用肌肉的方式：扛舉、搬運、推拉等等。

為避免愈來愈無聊（或者運動一開始太難的話），可以試試各種變化。例如，要是正統的伏地挺身太難，就做上斜伏地挺身。如果標準版深蹲對你已經太簡單，就練練單腿深蹲。可上網尋找「伏地挺身變化型」、「深蹲變化型」、「引體向上變化型」來汲取靈感。

提振活力策略
──吃真正的食物

65. 像採集狩獵者那樣吃東西

這個策略是厚著臉皮向我們的偶像、美食愛好者和作家麥可 · 波倫（Michael Pollan）致敬，或說剽竊。在他的暢銷書《食物無罪》（*In Defense of Food*）中，波倫處理了「據說出奇複雜而令人困惑、關於人類吃什麼最健康的問題」：

要吃食物。別吃太多。以植物為主。

嗯，我們讀了波倫的著作，試過他的建議，如果那沒有效果，我們會幹譙的。吃真正的食物——換句話說，是烏爾克認得的非加工食品，如植物、堅果、魚肉等——對我們的能量等級可以有極大不同。畢竟，人體是演化成吃真正的食物的，怪不得當你為你的引擎補充期待的燃料時，它會運作得比較好。

JZ

在展開「生時間」之初，我想為在家自己做菜生出時間。我認為這是一箭雙鵰之舉：既是一種提振活力的不便（#63），也是讓真正的食物成為主要日常飲食的方法。我發現用簡單的天然食材料理（例如烤肉配生菜沙拉），比按照冗長的食譜一步一步做容易得多。對我來說，這是養成習慣，像採集狩獵者那樣吃東西的最好方式。

傑克

　　要重設我的預設值、吃得更像採集狩獵者，我承認我需要隨時補充簡單方便的點心，所以得先確定那些零嘴不只好吃，**還是**真正的食物。我買了一大堆杏仁果、核桃、水果和花生醬。然後，每當我覺得餓，手邊都有我愛的高品質零嘴可以吃：一把堅果或葡萄乾，或香蕉、蘋果片抹花生醬（我們會在#68多聊一些零嘴的事）。

66. 把盤子中央公園化

　　有個簡單的技巧，能讓餐點清爽和充滿能量：先在餐盤裡放生菜，再放其他食物，圍著生菜擺。就像紐約市的中央公園：你保留一大塊綠地，再沿著周邊開發。多點生菜，意味少點負擔重的食物，吃完這一餐，你便可能活力滿點。

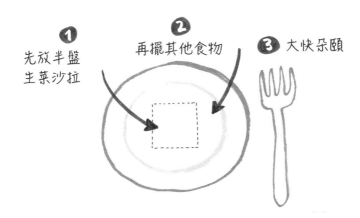

策略之爭：斷食 vs 點心

對 JZ 來說，斷食能讓注意力更敏銳和提振活力。對傑克來說，一想到從午餐到晚餐間不能吃點心，就不禁焦慮起來。

67. 捱餓

JZ

現代的預設值是一直吃、一直吃：一日三餐加點心，以免餓到發慌。但請記得，烏爾克是採集狩獵者。他要等採到、抓到或宰殺他的食物後才會開始吃東西。你可以想像他每天早上、中午和晚上，外加任何你開始感覺血糖驟降的時候，都要出去採集莓果或獵殺野牛嗎？

重點是，只因為**可以**一直吃東西，不代表我們該不停地吃。就算有幸活在食物充裕的世界，我們的身體仍跟烏爾克一樣，是演化成在物資匱乏的世界生存和繁衍的。

間歇性斷食已逐漸蔚為風尚，但除了碧昂絲（Beyoncé）和班奈狄克・康柏拜區（Benedict Cumberbatch）背書，還有很多理由值得一試。飢餓時食物比較美味，斷食也對健康有莫大益處：培養心血管耐力、延

年益壽、鍛鍊肌肉,或許還能降低癌症風險。

但說到提振活力和「生時間」,斷食有個最重要的好處:斷食(到某個程度)能使你思路清晰、頭腦敏銳,這對全神貫注於你的優先事項大有幫助。

我已經練習間歇性斷食2年了——那其實只是「有時候不吃東西」的別稱。一開始,飢餓會讓人精神無法集中,但經過幾次嘗試,我已經習慣飢餓的感覺,而且發現那種感覺允許我掘取新的精神儲備能量[29]。這對我早上的作息尤其有用——我起床後會一連進行「精華」4、5個小時(全神貫注,通常也肚子空空)。

別擔心,我不是建議你好幾天不吃東西;只是建議你試著跳過一餐,甚至一次點心就好。當然,沒有人想當那個出席商業午宴或生日晚宴,卻只點氣泡礦泉水加萊姆的人。朋友凱文教我一種非常切合正常生活的斷食方式。他會早一點吃晚餐,跳過隔天早餐不吃,再吃一頓豐盛的午餐。這樣就能斷食大約16小時,你可以偶爾這樣做,而不會有人覺得你太詭異了。

68. 像幼兒那樣吃點心

傑克

幼兒一旦覺得餓就會鬧脾氣[30]。身為2個孩子的爹,我見過很多次。噢,天啊,太多太多次了。

但那不是幼兒的錯。要一個3歲小孩一路從午餐熬到晚餐,中間不吃點什麼填填肚子,真是煎熬。事實上,對許多成年人也是如此。老實說,本人常因肚子餓而不自覺鬧脾氣。所以,跟避免吃點心的JZ不一

樣，我認為常吃點心是好事。事實上，我有點嗜吃點心。我的背包裡都會放兩條穀麥棒以備不「食」之需。我甚至修改「設計衝刺」時程表，排定休息吃點心的時間。

說到吃點心，我認為有兩件事情很重要：選擇高品質的點心，以及在身體和頭腦需要時吃，不是為吃而吃。

要幫你的電池保持充沛電力，不妨假裝自己是幼兒，或者更精確地說，幼兒的爸媽。留意鬧脾氣和挫折感，準備營養的補救之道。早上出門時，可以在包包放一些果乾或一顆蘋果。如果你覺得肚子空了，找真的食物吃（例如香蕉、核果），別吃垃圾食物。你不會想給你的3歲幼兒吃吸管糖熬到中午，所以你也該這樣愛護自己。大人也是人唷。

69. 進行黑巧克力計畫

糖會使血糖飆高，伴隨血糖飆高而來的就是血糖崩潰。多數人都知道避免高糖分的美食，是維持充沛活力的絕佳方式，但讓我們面對現實：不吃甜點實在太難。

所以，就吃吧。但要改變你的預設值。只要甜點是黑巧克力，就吃吧。

29　傑克把我比作一隻在用餐前變得更精力充沛、更想抓老鼠的家貓。我不知道自己該對這種比喻有何反應，雖然我的貓保證這是件好事。

30　如果有幼兒讀到這句，抱歉，無意冒犯，但你們知道這是事實

黑巧克力的含糖量比大部分甜點來得低，比較不容易讓你血糖崩潰。許多研究 [31] 顯示，黑巧克力甚至有益健康。因為它濃郁可口，你不必吃太多就能滿足嘴饞。總而言之，黑巧克力超棒的，你該常吃 [32]。

傑克

我嚴重嗜吃甜食，但我從2002年就展開黑巧克力計畫。一切從我和內人荷莉從西雅圖開車到波特蘭的旅程開始。當時我們停在一座加油站，我買了一大罐可樂、一包瓶蓋糖（Bottle Caps Candy）和綜合水果棒棒糖來吃。血糖飆高後，我演出了5分鐘真人版的「超級瑪利歐」，還搭配音效。

接著便是災難般的血糖崩潰。剩下的路程，我都癱在副駕駛座喃喃抱怨頭痛欲裂，而荷莉則一路訕笑。

這起「綜合水果棒棒糖事件」最終在我腦中建立連結：糖吃太多，會很難過。就在這時，新聞紛紛報導所有黑巧克力有益健康的研究，所以我決定一試，代替我平常的甜點攝取法。一開始，我得習慣黑巧克力的苦味，但在味蕾適應後，一般的甜點就顯得太甜了。

現在我仍然一星期吃兩次冰淇淋或餅乾，但這些成了刻意的美食。我的預設值變成吃黑巧克力、我的能量維持穩定、內人不會嘲笑我了……至少不是為了「綜合水果棒棒糖事件」。

---

31 巧克力商贊助的，但管它的。

32 只要記得：黑巧克力含咖啡因，所以要算進咖啡因的攝取量裡，請參閱 #75。

提振活力策略
————善用咖啡因

我們很容易沉溺於預設的咖啡因習慣，例如上班時每一次休息都給自己倒杯咖啡。咖啡因是會（稍微）成癮的藥物，因此就連為離開辦公桌而喝咖啡的無意識行為，都會很快被化學鞏固為習慣。嘿，這裡沒有評斷的意思。我們也跟多數人一樣使用咖啡因[33]。咖啡因效用強大，而正因它對你的活力程度有直接影響，你更該有意識地攝取，而非採用自動駕駛模式。

我們是在和萊恩・布朗（Ryan Brown）碰面後，開始思考咖啡因的事。萊恩非常嚴肅地看待咖啡。嚴肅到環遊世界搜尋最好的咖啡豆、開創自己的咖啡運銷公司、為高檔咖啡巨頭 Stumptown 和 Blue Bottle 工作，甚至寫了本有關咖啡的書。

萊恩也非常嚴肅地看待他**飲用**咖啡的方式。多年來，他蒐遍關於咖啡因的每一篇文章和每一項學術研究，試著想出喝每一杯咖啡的最佳時機，來達成理想的活力程度。你可以想像，每當他要分享他發現的情報，我們必定洗耳恭聽。

萊恩表示，對他來說，要充沛活力，就得從了解咖啡因的運作方式開始。對大腦而言，咖啡因分子看來很像名為腺甘酸（adenosine）的分子，而腺甘酸的職責是叫大腦慢下來，讓人覺得昏昏欲睡。腺甘酸在晚上準備就寢時很有幫助。但當腺甘酸在早上或下午讓我們困倦乏力時，我們常會求助於咖啡因。

當咖啡因出現，大腦會說：「嗨，帥哥！」咖啡因和受器黏結，而腺甘酸就得離開。離開後的腺甘酸會四處漂流，於是大腦就接收不到想睡覺的信號。

---

33 據美國食品藥物管理局的報告，世界各地有90%的成人攝取某種形式的咖啡因。在美國，有80%的成年人天天喝咖啡因，而那包括傑克和JZ在內。

有意思的就在這裡（至少對我們來說啦）：咖啡因本身不會提升你的能量，它是阻止腺甘酸誘發睡意，使你覺得活力衰退。但當咖啡因用盡，所有腺甘酸仍到處閒晃，伺機反撲。如果你不補充咖啡因，就會崩潰。你的身體會慢慢適應咖啡因，藉由製造更多、更多腺甘酸來抵銷它。那就是為什麼，如果你平常攝取大量咖啡因，一旦哪天沒攝取，就可能會覺得格外倦怠和頭痛。

對這一切瞭然於心後，萊恩設計了一個完美規律，讓他得以盡情享用咖啡、保持穩定的活力，又不至於使神經激動或干擾睡眠。最後，他獲得科學支持和經驗證實的個人化處方簡單得不得了：

- 不要靠咖啡因醒過來（換句話說，起床、吃早餐、開啟新的一天時，一口咖啡也別碰）。
- 第一杯咖啡在上午 9 點半到 10 點半之間喝。
- 最後一杯咖啡在下午 1 點半到 2 點半之間喝。

就這樣。大部分的日子，萊恩一天只喝 2、3 杯咖啡。這可是**寫了一本咖啡書**的男人呢——他愛咖啡。但他也知道，要是他多喝一點，或是早點喝、晚點喝，活力反倒會**降低**，所以他限制攝取量，每一口都細細品嘗。

如果萊恩已經辛苦做了這麼多，我們不是依樣畫葫蘆就行？那可不成。他提醒我們，沒有一體適用的配方。每個人對咖啡因的處理方式和反應都略有不同，取決於每個人的代謝、體型、耐受力甚至 DNA。

當然，我們決定親自實驗。適合 JZ 的不見得適合傑克，反之亦然。我們得為自己量身訂作，但大費周章是值得的。最後，我們一整天的活力都更加穩定。

我們建議你試驗下面的策略，並且像本書其他策略一樣，做筆記追蹤結果（參閱 237 頁及 267 頁）。身體可能需要 3 到 10 天的適應期，那時有些昏昏沉沉是正常的。

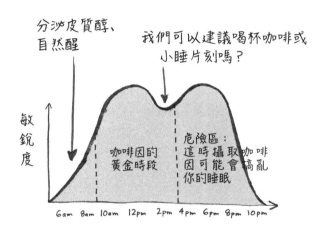

分泌皮質醇、自然醒

我們可以建議喝杯咖啡或小睡片刻嗎？

敏銳度

咖啡因的黃金時段

危險區：這時攝取咖啡因可能會搞亂你的睡眠

6am 8am 10am 12pm 2pm 4pm 6pm 8pm 10pm

資料來源：我們編的（但看起來是對的）

70. 在攝取咖啡因之前醒來

早上時段，你的身體會自然分泌大量皮質醇，一種能幫助你甦醒的荷爾蒙。皮質醇濃度高時，咖啡因幫不了你什麼忙（除了暫時舒緩你成癮的症狀）。對多數人來說，皮質醇濃度在早上 8 點到 9 點最高，所以，要在上午維持理想的活力，試試在 9 點半喝第一杯咖啡。

傑克

　　我在和萊恩聊過後做了改變。起初，我總是在咖啡因戒斷的迷霧中醒來，我花了好幾天才克服早上的昏沉，不過一旦克服，我就愛上醒來時敏銳的感覺了。現在我覺得九點半那杯咖啡帶給我更大的成效。

71. 在崩潰之前攝取咖啡因

　　關於攝取咖啡因，頗為棘手的一點是，如果你等到累了才喝，就太遲了：此時腺甘酸已完全占領大腦，就很難甩掉睡意了。我們要重複這句話，因為這是至關重要的細節：**如果你等到累了才攝取，就來不及了。**較妥當的做法是，先設想你的活力通常會在何時驟降（對多數人來說，是午餐後），在此 30 分鐘之前來杯咖啡（或你愛喝的含咖啡因飲料）。或者，採取這個替代方案……

72. 補充咖啡因、睡個午覺

　　一個有點複雜、但成效奇高的善用咖啡因的技巧是等你累了、喝點咖啡，然後立刻小睡 15 分鐘。咖啡因會花點時間被血液吸收、進入大腦。在你小睡的片刻，大腦會清掉所有腺甘酸。當你醒來，受器已經乾淨，而咖啡因才剛出現。你充飽電、精力充沛、準備大顯身手。研究顯示，補充咖啡因加上睡午覺，比光喝咖啡或光午睡，更能提升認知和記憶效果 [34]。

JZ

在寫《SPRINT衝刺計畫》時，我用咖啡因加午睡來提振下午的活力。對我來說，咖啡因加15分鐘的小睡能給我大約2個小時全神貫注的活力。

73. 用綠茶保持活力

要從早到晚維持穩定的精力，可試試多喝咖啡因含量較低的綠茶代替高劑量（例如一大杯沖煮的咖啡）。綠茶是很棒的選項。要進行這個實驗，最方便、最便宜的方法是買一盒綠茶包，把平常喝的每一杯咖啡換成兩、三杯茶。這能讓你的活力在一整天維持得更一致、更穩定，避免攝取像咖啡這種咖啡因濃度超高的東西會出現的能量高峰和谷底。

34　1997年，羅浮堡大學（Loughborough University）的一項研究，是測試受試者使用駕駛模擬器的情況。補充咖啡因又睡午覺的人表現，勝過比只午睡和只攝取咖啡因的人。2003年日本廣島大學一項研究，試著透過讓只有午睡的受試者接觸亮光，來追上既補充咖啡因又睡午覺的人的表現，但後者仍在記憶力測試優於前者。

JZ

你也可以試試這種「義式」方案：喝傳統的義式濃縮。如果你喜歡喝義式濃縮（我喜歡）也喝得到（我**偶爾**喝得到），這也是絕佳的低劑量選項。一份義式濃縮大約相當於半杯咖啡或兩杯綠茶。

74. 給「精華」渦輪加速

人生就像電玩「瑪利歐賽車」：你得策略性地運用渦輪加速。試著找最好的時機攝取咖啡因，讓你能以最好的狀態展開「精華」。我們兩個都以同樣簡單的方式應用這個技巧：在坐下來寫作之前沖一杯咖啡喝。

75. 了解你的「最後關頭」

傑克的朋友卡蜜兒 · 佛萊明（Camille Fleming）是家庭醫學科醫師，在西雅圖的瑞典醫療中心訓練住院醫師。不分年齡，她最常聽到病患抱怨睡眠障礙。她問他們的第一個問題，也是她訓練學生要問的第一個問題是：「你們攝取多少咖啡因？在什麼時候攝取？」多數人不知怎麼回答。也有人會像這樣說：「噢，不是那個害我睡不著啦；我最後一杯咖啡是下午 4 點喝的。」

多數人不了解（在卡蜜兒對傑克解釋之前，我們也不懂），咖啡因的半衰期是 5 到 6 小時。所以如果一般人在下午 4 點喝咖啡，半數咖啡因會在晚上 9、10 點離開血液，但有半數還在。結果就

是，在你攝取咖啡因的好幾個小時後，仍起碼有一**些**咖啡因封鎖至少一**些**腺甘酸受器，這很可能因此干擾你的睡眠，乃至於隔天的精神狀態。

你得親自試驗，找出你獨一無二的「咖啡因的最後關頭」，如果你有睡眠問題，你的最後關頭或許比你以為的早。試試提早斷絕咖啡因，看看是否比較容易入睡。

76. 切斷與糖的連結

這不是祕密：許多咖啡因飲料的糖分也非常高，例如可口可樂和百事可樂等無酒精飲料、Snapple 茶和星巴克摩卡等含糖飲料，更別說 Red Bull、Macho Buzz 和 Psycho Juice 等運動機能飲料了。雖然糖分能讓血糖立即升高，但相信你不需要我們告訴你，這對維持能量不是好事。

我們是現實主義者，所以不會要你從飲食中完全斷絕糖分（我們當然沒有）。但我們確實建議你，考慮把咖啡因和甜食分開吃。

傑克

對我來說，咖啡因曾代表一罐可樂，或者，如果心血來潮，一杯摩卡。改變並不容易，所以我循序漸進，先用加奶油但不加糖的冰茶和冰咖啡，作為告別糖漿國之路。現在，如果我真的想吃香甜美食搭配咖啡因，我會分開來吃。一杯咖啡加一片餅乾，比溶入一片餅乾的咖啡更美味可口──後者基本上與汽水無異了。

提振活力策略
————離線

77. 進森林

> 森林棒透了。
> —— 傑克的老爹

自 1982 年起，日本政府一直在鼓勵「森林浴」的習慣，除了「在森林沐浴」的字面意義，也有「浸淫森林氛圍」之意。森林浴的研究顯示，就算只是短暫接觸森林也能降低壓力、心跳速度和血壓。不只是日本，2008 年美國密西根大學的一項研究，比較了剛在城裡和公園裡散過步的人在認知方面的表現。在自然中散步者的表現高出 20%。

所以，短暫接觸大自然也可以讓你平靜、敏銳許多。為什麼能有這種效果？最好的解釋出自卡爾・紐波特的《深度工作力》一書：

在自然中漫步，因為你沒有什麼難關要過（例如過擁擠的十字路口），你不必聚精會神，還能充分體驗饒富趣味、讓你眼花撩亂的刺激，不必主動瞄準注意力。這種狀態給予你資源和時間，替你的注意力補充燃料。

換句話說，森林會給腦袋裡的電池充電。或許這能引起我們體內烏爾克祖先的共鳴。不管怎麼解釋，都值得一試，你不必走太平洋屋脊步道（Pacific Crest Trail）。哎呀，你甚至不需要真正的森林；任何自然環境似乎都能讓你受益。就從在公園裡待幾分鐘開始實驗，記下那對你的心智能量有何影響。如果你沒辦法去公園，就走出戶外，呼吸兩口新鮮空氣也好。就算只是砰的一聲打開窗戶，

我們也預期你的感覺會好一些。採集狩獵者的身體在戶外會感覺更有生命力。

傑克

　　我爸熱愛森林，但他是律師，平日通常在辦公室和車裡度過。每當他在會議之間有空檔，都會去附近的公園走步道。每星期六、日，他都會去森林裡散步。天氣不重要。除非風強到他認為可能會有樹倒在他身上，否則一定會抽時間親近大自然。

　　小時候，我覺得我爸對森林的著迷有點怪，但長大後我明白了。當我展開職業生涯，腦袋被無盡的噪音和工作世界的忙碌喧囂給淹沒，我了解當我去公園裡散步，就會有神奇的事情發生。就像我的腦袋平靜下來，思路變得更清澈——不只散步期間如此，還可延續到好幾個小時後。現在，在金門公園慢跑成了我每天的習慣。一出城市的街道，來到園中小徑，我的頭腦似乎頓時放鬆下來，壓力一掃而盡。我想我爹是對的——森林真的很棒。

78. 騙自己冥想一下

　　冥想的好處有大量文獻記載。冥想能減輕壓力、提升愉悅感。那能幫大腦充電、提高專注力。但問題來了：冥想很難，而且可能感覺有點蠢。我們明白。討論冥想的時候，我們仍覺得尷尬。事實

上，**現在**我們一邊打這些字，一邊就覺得尷尬。

但冥想沒什麼好丟臉的。**冥想只是腦袋的呼吸罷了。**

對人類來說，思考是預設的境況。多數時候思考是好事。但**不停**地思考意味你的腦袋永遠得不到休息。反觀冥想時，你無須被動跟著想法走，而是保持平靜，**注意**自己在想什麼，這會使你的思想慢下來，給腦袋喘息的機會。

好，所以冥想是讓腦袋休息一下。但瘋狂的來了：冥想也是讓腦袋**運動**一下。保持平靜、察覺思想固然令人神清氣爽，但反過來說，那也是種辛苦的勞動。減緩速度、注意自己在想什麼的行動，其實頗為費勁兒，能像運動那樣提振你的精神。

事實上，冥想的效果跟運動頗為類似。研究顯示冥想能增進工作記憶和保持專注的能力[35]。冥想甚至能使大腦部位更厚實、更強壯，就像運動鍛鍊肌肉那樣[36]。

但如前文所說，冥想是辛苦的勞動。可能辛苦到你難以維持動力，又不像運動那樣有外顯的效果：你的皮質或許會脹大，但你無法靠冥想練出六塊肌。

我們也知道，當你有一百萬件事情要做，找時間放下手邊一切、注意自己在想什麼，是相當困難的事。但從冥想獲得的能量、專注和心靈平靜，確實能**幫你生出時間**來完成那些事。我們對冥想的建議如下：

---

35 例如，加州大學聖塔芭芭拉分校2013年一項研究發現，連續兩星期每天冥想10分鐘的學生，GRE的語言測驗成績從460分進步到520分。就這麼少的勞力付出而言，這是相當驚人的腦力提升。

36 2006年，哈佛、耶魯和麻省理工的研究人員合作，運用MRI掃描比較了經驗豐富的冥想者和非冥想者的大腦，發現在與注意力和知覺有關的部位，冥想者有較厚的皮質。

1. 我們甚至不會試圖告訴你該**怎麼**冥想。我們不是專家——但你的智慧型手機是。在起步階段，請善用引導式冥想的 APP（請參考下一頁傑克的故事，並上 maketimebook.com 看我們推薦的 APP）。

2. 目標設定低一點。就算只做 3 分鐘，也能提振你的活力。能維持 10 分鐘就太棒了。

3. 你不必盤腿打坐。試著在搭公車、躺下來、散步、慢跑，甚至吃東西的時候，做引導式冥想。

4. 如果「冥想」一詞讓你覺得不自在，不妨換種說法。試試「沉靜時刻」、「靜止」、「暫停」、「休息」、「做 Headspace」（或任何你使用的 APP）。

5. 有些人說冥想唯有在你無外力輔助、且持續很久的狀況下才算數。那些人很呆。如果短時間的引導式冥想適合你、你做得快樂，當然可以永遠這麼做。

傑克

　　我聽聞冥想的好處很多年了，但始終未能付諸行動。後來內人建議我試試 iPhone 裡的 Headspace APP。「你會喜歡它的，」她說：「安迪講話很直接。」

　　她說的安迪是安迪・普迪康比（Andy Puddicombe），Headspace 的共同創辦人，也是耳機裡的聲音。他的英國腔要花點時間習慣，但荷莉說得對。我非常喜歡。

　　我開始記錄每一次冥想後的感覺，看看 Headspace 能否改善我的專注力。它可以。

Headspace值得嗎？
4/19 10分鐘 是
4/20 10分鐘 是（更容易專心、更平靜）
4/21 10分鐘 是（當我冥想後開始工作，我可以放
慢腳步、做得更聰明）

然後我啟用APP追蹤連續冥想幾天的特色。最後，藉由在搭公車時擠出時間，我一連400天天天冥想！

使用Headspace以後，長時間專注變得比較容易。我的思路也更清晰。還有，雖然我知道這聽起來有點怪，我覺得更心甘情願地做我自己了（這點我**覺得**是好事）。

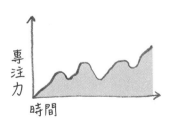

平常時間

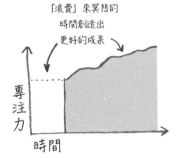

使用Headspace後
的平常時間

「浪費」來冥想的
時間創造出
更好的成果

使用科技對抗現代生活的壓力和分心（其中許多當然是因科技而起），聽來可能違反直覺，但冥想APP真的非常適合我。如果你也好奇，不妨試試。

79. 把耳機留在家裡

耳機很棒。耳機很容易被視為理所當然，但耳機賦予我們隨時隨地、有完全隱私之下聽任何東西的力量，簡直是奇蹟。你可以在慢跑時聽麥爾坎 · 葛拉威爾（Malcolm Gladwell）、一邊工作一邊調高瓊 · 傑特（Joan Jett）的音量、坐在擁擠的飛機上聽龍與地下城（Dungeon & Dragon）的 podcast。沒有人知道你在聽什麼。那是你自己的小宇宙，用立體聲播放。

因此，許多戴耳機度過的現代生活，是為了填滿一天裡原本安靜的空間。但如果你不論工作、走路、運動、通勤時都戴耳機，你的大腦就永遠不得安寧。就連你已經聽過 100 萬遍的專輯，仍會創造少量的心智工作。你的音樂、podcast 或有聲書可防止無聊，但無聊能營造思考與專注的空間（#57）。

休息一下，把耳機留在家裡吧。就聽聽車水馬龍、聽聽你敲鍵盤的啪噠啪噠，或你在人行道上的腳步聲。抗拒想填滿空白的渴望。

我們不是說你該徹底捨棄耳機。那太矯情了，因為我們自己也幾乎天天用。但偶爾讓耳機放個 1 天，甚至僅只 1 小時的假，是很容易就能為你的日子帶來些許清靜、給大腦一點時間充電的做法。

80. 要休息，就真的休息

在工作休息時間查看 Twitter、Facebook，或其他「萬丈深淵」APP，是極盡誘惑之事。但這樣的休息無法使腦袋放鬆、恢復腦力。首先，當你看到令人煩躁的新聞，或朋友傳來讓人忌妒的照片，會感受到更大壓力。如果你是在辦公桌工作，「萬丈深淵」的休息會讓你的屁股繼續黏在椅子上，不去做其他能產生能量的活動，例如四處走動、和別人說話。

所以，要休息時，請離開螢幕：凝視窗外（對眼睛有益）、出門散散步（對身心有益）、吃些點心（如果你餓了，對能量有益）或跟人說說話（通常對心情有益，除非對方是個渾蛋）。

如果你預設的休息是查看「萬丈深淵」，就得改變習慣——而如前文所述，改變習慣很難。我們發現你在前面讀過的「減速丘」策略會有幫助：使用「不分心」手機（#17）、登出令人上癮的網站（#18）、做完事情就把玩具收好（#26）。一旦你開始在真實世界休息，我們覺得你會愛上它。有了更多活力，就比較容易回到雷射模式，維持對「精華」的專注力了。

JZ

　　就算運用「生時間」策略，我仍會聽到「萬丈深淵」的誘惑歌聲。經過整整1小時，或僅僅15分鐘的高效率時間，我常對自己說：「天啊，好扎實的工作啊。我該上上Twitter犒賞自己一下！」

　　所幸，小小的減速丘就能阻撓那股衝動，提醒我要真的休息。例如，當我試著用電腦連上twitter.com，看到登入畫面時我會記得：「啊，對，我該真的好好休息一下。」這成了我的新慣例和新預設值。

傑克

　　我喜歡在真實世界休息，但有時光這樣還不夠。當我工作得超級認真，「絞盡腦汁」，覺得腦袋像被擰乾的海綿，我知道是該「大休」的時候了：我會放下一切，看一整部電影。為什麼是電影？因為不同於電視劇，電影相對短而有限；不同於社群媒體、email或新聞，那不會令我焦慮。那是純粹的逃離，是給大腦停下來放鬆的機會，又沒有墜入時間的隕石坑、不自覺耗盡精力的風險。

提振活力策略
——當面來

81. 花時間跟族人在一起

　　所有人，包括最內向的人，天生都有和人建立連結的需求。這沒什麼值得大驚小怪的，畢竟，烏爾克就生活在有 1、200 人的部落。人類是演化成在關係緊密的社群裡欣欣向榮的。

　　但今天，面對面的時間愈來愈難尋。如果你住在城市，你昨天見到的人類或許比烏爾克一輩子見到的多，但你跟其中幾個人說過話呢？那些對話又有多少是有意義的呢？這是現代生活的殘酷反諷：我們被人群包圍，卻比以往更與世隔絕。這件事很嚴重，尤其哈佛大學一項為期 75 年的成人發展研究，又得出這樣的結論：有穩固關係的人，可能有更長壽、健康、充實的人生。我們不是主張在超市排隊結帳時跟陌生人交談可讓你長命百歲，我們是主張，和人面對面相處可以大大提振活力。

　　即便在 21 世紀，你也有部族。如果你在辦公室工作，你有同事。在家裡，你可能有兄弟姊妹、爸媽、孩子或其他重要的親人。你也有朋友（我們這麼希望）。當然，這些人有時可能惹你不高興，或令你備受挫折，但通常，與他們共度時光是振奮精神的事。

　　當我們說「共度時光」，指的是用你的聲音進行真正的對話，不是回復貼文、按愛心或拇指，或傳 email、簡訊、照片、表情符號和動畫 GIF。以螢幕為主的交流很有效，但那正是問題的一部分：那太容易，因此往往取代了更具意義的實際對話。

　　當然，不是每個人都能鼓舞心情，但我們都認識一些只要跟他們說說話，**通常**能賦予我們活力的人。不妨試試這個簡單的實驗：

1. 想一個能帶給你活力的人。
2. 特地去跟她或他進行真正的對話。可當面交談或講電話，但你的聲音必須參與。
3. 說完話，看看你是不是更有活力了。

　　這樣的對話可以是和家人一起用餐，或跟你的兄弟通電話。也可以是和老朋友或你剛認識的人聊天。時間和地點無關緊要，只要是用你的聲音就行。就算一星期只有一次，也要和你崇拜的人，會鼓勵你、讓你笑或讓你做自己的朋友聯絡一下。要給你的電池充電，和有趣又活力充沛的人共度時光，是最好（也最愉快）的方式之一。

傑克

　　我電話裡的筆記APP裡，有一份「賜我能量」名單：每一次碰面，都能讓我渾身是勁的人。沒錯，這是有點怪（或許有點令人毛骨悚然），但那提醒我，特地花點時間和那些朋友喝杯咖啡或共進午餐，真的能給我**更多**時間，因為在那之後，我會充滿活力、朝氣蓬勃。

82. 離開螢幕吃東西

　　離開螢幕吃東西，你便同時達成我們 5 項活力原則的 3 項。你比較不會不自覺地把不健康的食物塞進嘴裡，比較可能跟其他人進行能提振精神的面對面交談，也在你的生活中創造空間，給你忙得團團轉的腦袋喘息一下。而且在此同時，你可是在做該做的事情唷！

傑克

　　在我的成長過程中，我的家人都是邊吃晚餐邊看電視。我看到當時的女友（未來的老婆）**在餐桌上吃晚餐時**，我好不驚訝。那未免太老派了吧？她會期望我做一樣的事情嗎？反正那段日子，荷莉跟我都沒有電視機，所以當我們搬去一起住，便自然而然採用她家吃晚餐時不看電視的方式。

　　那個習慣就此生根，即便在我們弄來一部電視機後依然延續。當我們有孩子時，我幾乎忘記以前是怎麼吃東西配電視的了。現在，每天晚上，我們一家四口都坐下來一起用餐。沒有電視、沒有手機、沒有iPad。當然，這個習慣的代價是我有點跟不上流行文化，但我願意用任何東西換取和妻小共度的珍貴時光。

提振活力策略
——在洞窟裡睡覺

83. 讓你的臥室是「寢室」

對烏爾克來說，就寢是為漫長的一日畫下句點，逐漸消除心智上的刺激，墜入夢鄉。若你在睡前看社群媒體、email 或新聞，你便破壞了這個過程。你不但沒有放鬆，還讓大腦加速運轉。一封惱人的 email 或一則令人憂慮的新聞，都可能讓心智全速運作，害你遲遲無法入睡。

如果你想改善睡眠品質，別讓手機進臥室——永遠不要。也別在這裡打住，請移除所有電子裝置，將臥室變成真正的睡眠聖殿。沒有電視、沒有 iPad、沒有背光照明的 Kindle。換句話說：讓你的臥室是「寢室」。

電視本身就代表一大堆挑戰。臥房裡的電視機是阻力最小的誘惑。你什麼都不必做就能獲得娛樂，它無所不能！電視特別危險的地方，在它占用的時間。你看電視時會損失睡眠時間；關掉電視後你會繼續損失睡眠時間，因為要等受到刺激的大腦慢慢進入睡眠模式。

在床上讀書是很棒的替代方案，尤以紙本書或雜誌為佳。Kindle 也可以，因為那不會充斥 APP 和其他讓人一心多用的東西；只要記得關掉又亮又白的背光照明就可以。

不讓所有電子裝置進臥室可能相當困難，但改變環境總比仰賴意志力改變行為來得容易。一勞永逸：把電視機移走吧；拔掉智慧型手機充電器，把手機架或手機座移出臥室。

你或許需要把一種電子裝置留在臥室：鬧鐘。選擇簡單、有螢幕而不會太亮的款式（或者如果你不介意滴答聲，不用電子鬧鐘也行）。如果可能，把它放到房間另一頭的梳妝台或架子上。除了讓光遠離你的視線，還能幫助你起床：鬧鐘一響，你別無選擇，只能

下床、伸腿、過去把它關掉。我們認為，要展開這一天，這是比依偎著智慧型手機更好的方式。

84. 偽造日落

當我們見到亮光時，腦袋就會想：「天亮了，該起床了！」這是古老的自動系統。對烏爾克來說，這個系統運作良好：他在天黑時入睡，日出東方時起床。一天的自然循環有助於調節他的睡眠和活力。

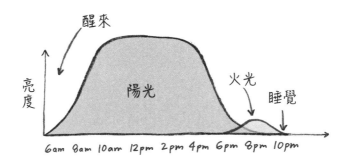

烏爾克的日子

但對現代人來說，這造成一個問題。藉由螢幕和燈泡，我們一直在模仿晝光，直到爬上床為止。這就好像在告訴大腦：「是白天、是白天、是白天、是白天——哇，晚上了，上床睡覺。」怪不得我們會有睡眠困擾。

現代的日子

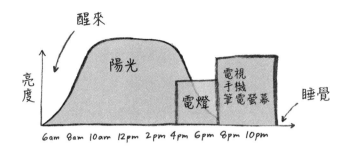

我們不是第一個指出這個問題的人。這些年來，很多人都在說應該避免在床上看手機或筆電。那是很好的建議，但仍嫌不夠。當 JZ 試著改當「晨型人」時，他發現他需要更宏大的策略。他需要偽造日落。

做法如下：

1. 從吃晚餐或理想就寢時間的幾小時前開始，調暗家裡的燈光。把明亮的頂光關掉，改開昏暗的桌燈或側面燈。燭光晚餐更有情調。

2. 把手機、電腦或電視轉到「夜間模式」。這種功能會把螢幕的藍光調成紅光和橘光。於是，你不再像盯著明亮的天空，而像坐在篝火旁邊了。

3. 上床睡覺時，把所有電子裝置踢出房間（請參考 #83）。

4. 如果陽光或街燈仍然潛入臥室，試著戴上簡單的眼罩。沒錯，你會感覺有點蠢，看起來也蠢，但那有用。

如果你早上常覺得昏昏沉沉、精神不濟，也偽造日出試試看。近年來，拜 LED 技術進步，和服務厭惡冬天早晨者的健康市場蓬勃發展之賜，自動「黎明模擬器」變得愈來愈小，也愈來愈便宜。這個概念很簡單：在鬧鐘響前，光線逐漸變亮，模擬時機完美的日出，騙腦袋起床。如果你使用黎明模擬器，又在晚上把光線調暗，那就是僅次於住在洞穴裡的最佳措施了。

85. 偷睡午覺

午睡讓你更機靈。真的。許多研究顯示 [37]，午睡能提高下午的敏銳度和認知表現。一如往常，我們也親自實驗過。

傑克

我喜歡睡午覺（nap），而那不只是因為我姓「Knapp」。

JZ

很難笑。

你不一定要睡著。躺下來休息 10 到 20 分鐘，就是絕佳的充電方式。但事實是，如果你在辦公室裡工作，真的很難睡午覺。就算在有超炫午睡艙（nap pod）的辦公室（我們曾在這樣的地方工作），多數人仍不覺得自己有時間午睡。所以，讓我們面對現實：有艙也好，沒艙也好，在工作時睡覺的感覺仍十分尷尬。如果你沒辦法在工作時睡午覺，不妨考慮在家裡睡。就算只在週末午睡，對你仍有好處。

86. 別給自己製造時差

有時候，雖已竭盡所能，我們仍遲遲無法入睡。忙碌了一個星期，搭了時間很爛的班機，或有些壓力或煩惱讓我們難以成眠，於是我們發現自己又有那種熟悉不過的「太累睡不著」的感覺了。

我們在說的，是友人克莉絲汀・布瑞蘭茲遇到的睡眠難題，她是我們認識最具企圖心和生產力的人士之一（你或許記得克莉絲汀和她的「小熊軟糖」說「不」法，#12）。除了白天在 Google 擔任專案設計師，她還擁有一部餐車，也是所有類型的企業家和年輕專業人員的生活教練。

---

37 相關研究真的很多，但最具影響力的絕對是 1994 年，由 NASA 針對長程商業飛行員所做的一項研究。研究發現睡過午覺的飛行員，表現提升了 34%。這項研究別具影響力是因為：(1)我們都希望飛行員表現良好；(2)我們都同意 NASA 壞透了。

「晚起補眠是相當誘惑人的事,」她說:「問題在於,那毫無效果。」

她告訴我們,週末晚起基本上就像給自己製造時差:那會打亂你的生理時鐘、讓你更難從原本的睡眠不足恢復過來。所以,正如你前往不同時區的做法,她建議你抗拒多睡一會兒的誘惑,試著盡可能貼著你原本的作息走。

「睡眠債」確有其事,而且這不利於身心健康和專注力。星期六睡到快中午(雖然非常爽快),並還不了多少債務。相反地,你該一點一滴地償還,運用這一章的策略助你天天睡得好,「分期」付款。所以,要讓你的電池保持蓄電狀態,請讓鬧鐘在每天的同一時刻響起,不分平日、週末或假日。

關於創造活力,我們還有一件事要提。如果目前你的首要責任是照顧別人(不論幼兒、配偶、朋友或雙親),上述許多策略就算不是完全不切實際,看來也有些放縱。若是如此,我們想提出一個特別策略,一個設計來允許你照顧自己的策略。

87. 先戴你自己的氧氣面罩

當傑克的妻子懷了他們第一個孩子時,夫妻倆去上了一堂給新手爸媽上的課。老師給了非常好的忠告:先戴上你自己的氧氣面罩。

在飛機上,空服員會教你先戴自己的面罩再協助其他乘客。理由是:如果艙壓驟降(別想太多),大家都需要氧氣。但如果你在試圖幫助別人時昏倒……噢,那沒什麼幫助,對吧?那可能很有英雄氣概,但並不明智。

新生兒就像艙壓驟降,如果你不稍微照顧自己,就絕不可能成為出色的照顧者。那意味著你需要盡量吃得好、能睡就盡量多睡,來盡量提高自己的活力。你得設法稍作喘息,維持頭腦清醒。換句

話說，你該先戴上自己的氧氣面罩。

　　即使你照顧的不是新生兒，這個建議也值得謹記在心。別人的日常需求，特別是你愛的人，可能消耗極大的生理和情緒能量。我們知道嘗試某些策略——散散步、安靜地獨處或運動健身——的想法乍看有點自私。但請記得，這個單元的策略全都旨在賦予你活力，來為真正重要的事情騰出時間。如果你在照顧你愛的人，還有什麼比這更重要呢？

第四篇

反省

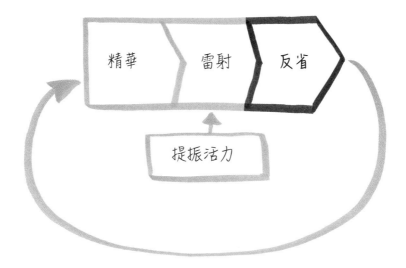

科學與日常生活不能也不該分開。

——羅莎琳 · 富蘭克林（Rosalind Franklin）

歡迎來到「生時間」的第四步，也是最後一步。在「反省」單元，會運用一點科學來訂作適合你的系統：你的習慣、生活方式、偏好，甚至是獨一無二的身體。

用科學方法微調你的日子

別擔心，科學很簡單。當然，其中某些（例如粒子加速器、天體物理學、光子魚雷等等）可能有一點棘手。但科學方法本身簡單明瞭：

1. **觀察**正在發生的事。
2. **猜測**事情為什麼會這樣。
3. **實驗**，測試你的假設。
4. **測量結果**，判定你是否正確。

大概就是這樣。從 WD-40 到哈伯太空望遠鏡等一切背後的科學，皆依循這四個步驟。

「生時間」也運用科學方法。這本書裡的一切，都是基於我們對現代世界的觀察，以及對於時間和注意力為何會遭遇不幸的猜測。你或許可將「生時間」歸結為這三種假設：

「精華」的假設

如果你在每一天的開始設定一個目標，我們預料你會更滿足、更快樂、更有效率。

「雷射」的假設

如果你針對「馬不停蹄」和「萬丈深淵」設下障礙，我們預料你會像雷射光一樣集中注意力。

「提振活力」的假設

如果你的日子過得更像史前時代人類一些，我們預料你能提振身心活力。

這本書的策略，是 87 項測試這些假設的實驗。我們試驗過它們對我們的效用。但只有你能試驗對你的效用。為此，你需要科學方法。你需要測量數據——不是不知情大學生進行的雙盲研究，也不是在無菌實驗室裡——而是在你的日常生活中。

你是唯一的樣本，你的結果是唯一重要的結果。這種日常科學正是「反省」的精髓。

做紀錄，追蹤成果（也讓你老實）

蒐集資料超級簡單。每一天你都要反省有沒有為你的「精華」生出時間，以及能夠多專注於「精華」上。你要記下擁有多少活力。你要回顧使用的策略，記下何者有效、何者無效的觀察結果，並為明天要試的策略擬定計畫。

這個步驟只需要花幾分鐘，回答這些簡單的問題：

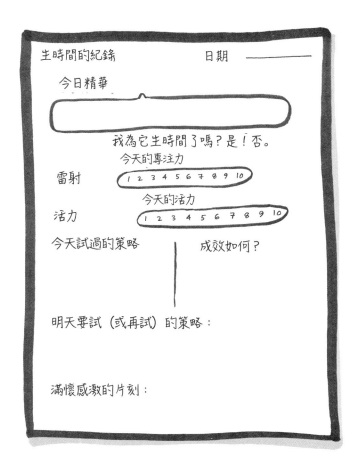

在平常的一天，你的紀錄表可能類似這樣。

生時間的紀錄　　　　　日期　二月11日

今日精華

在家煮晚餐

我為它生時間了嗎？是！否。

今天的專注力

LASER　1 2 3 4 ⑤ 6 7 8 9 10

今天的活力

ENERGIZE　1 2 3 4 5 6 7 8 ⑨ 10

今天試過的策略　　　｜　成效如何？

別逞英雄　　　　　　很好！短期而言還是
不分心手機　　　　　在會議與會議間查看
　　　　　　　　　　email

明天要試（或再試）的策略：

分心氪星石——email！

別逞英雄——想建立跑步的習慣

滿懷感激的片刻：

當廚房飄著義大利麵的香味

　　當然，這頁紀錄表旨在幫助你追蹤運用「生時間」的情況，但也是設計來幫助你了解**你自己**。在做了幾天紀錄後，你會發現自己更了解你在一天內的活力和專注力，且更能運用自如。

　　在你實驗這個系統的同時，記得這點很重要：有些策略固然立竿見影，但有些策略需要多點耐心和堅持。有時需要幾番試誤，才能找出適合你的策略（我該跑步還是踩健身腳踏車？工作前、午休時間或晚上哪個比較好？）如果一開始失敗了，不要苛責自己。給它一點時間，用紀錄來追蹤、調整你的方法。請記得，你的目標並非追求完美。不是一直進行所有策略，甚至不是持續進行某些策略。你會休息幾天、休息幾星期，都沒有關係。隨時可以重啟實驗；可以多做，也可以少做，只要那適合你的生活。

　　這些紀錄的主要目的，在於測量實驗結果，但你應該有注意到，我們納入一個關於感激的問題。感恩的儀式在不同文化已存在數千年之久，它是佛教和斯多噶派（Stoicism）的重心；《聖經》裡有，日本茶道裡有，當然也是我們感恩節的基礎（或同名同姓的東西）。儘管有輝煌的歷史，但我們納入感恩只為一個簡單的理由：我們想要讓你對你的實驗結果產生「偏見」。

　　改變預設值不見得容易，因此透過感恩的鏡片回顧一天是有幫助的。你往往會發現，就算許多事情的結果不合你意，生時間的所有辛勞，在感激的那一刻，便會被拋到九霄雲外。感恩的心情是你明天再做一次的強大誘因。

　　本書最後一頁有一張空白表，把它影印下來，或上 maketimebook.com 找可列印的 PDF 和各種紙張及數位格式。當然，你也可以在空白紙或一般的筆記本上回答這些問題就好。

　　我們也推薦，在你的手機設定重複提醒，幫助你深化新的「生時間」習慣。簡單地說：「嗨，Siri[38]，每天早上 9 點，提醒我選一

個精華」和「每天晚上 9 點，提醒我記錄這一天」。

反省一天可能成為永久的習慣，但如果你只在前兩個星期這麼做，那也無妨。「生時間」的紀錄不該感覺像你人生的（又一項）義務。這只是一種了解自己和微調系統、讓系統最適合你的方式。

小改變創造大成果

本書的開頭，我們做了一些瘋狂的聲明。我們說，你有可能減緩現代生活的匆促、感覺不那麼忙碌、更愉快地過日子。現在，既然已經歷四個步驟，是時候來檢視聲明了。你**真的**能每天生出時間嗎？

我們承認，我們沒有神奇的「重設鈕」來改變你的人生。如果你每天得回 500 封 email，明天你不可能一封都不用回。如果這星期的行程塞得滿滿，下星期八成也是一樣。我們不可能擦掉行事曆或凍結收件匣。

但你不必做這麼激烈的改變。「生時間」背後有個無形前提：你**已經**非常接近了。小小的改變就能使你掌控全局。少一點分心、增強一點點身心能量、把注意力集中在一個亮點，乏味的一天也可能變得不同凡響。那不需要空白的行事曆——只需要對一件特別的事情，有 60 到 90 分鐘的專注。「生時間」的目標，是為真正的要事騰出時間、找到更多平衡、把今天過得更愉快些。

---

38 或「Okey，Google」、「Hello，HAL」，諸如此類。

傑克

2008年時，我開始每天做筆記，記錄我的活力等級，並試著設想提升之道。下面是個摘要：

11月17日
活力等級：8

今日試驗的策略：
晨間運動30分鐘。

成效如何？
運動後的感覺似乎好極了。我以後該繼續嘗試。我早上連續專注3個小時，但午餐後覺得疲倦。甜點真的很好吃，我吃了2塊（巧克力蛋糕）。也許我午飯後不該吃甜點。

這些紀錄充滿洞見：晨間運動大大提振我的活力[39]，中午吃甜點讓我下午懶洋洋，而三個小時也許是我專注於工作的上限。

當然，這些洞見（「運動好，糖不好」）沒什麼開創性。但就算顯而易見，為自己記錄下來仍有強大效用。在新聞讀到研究報告是一回事，親自體驗成果又是另一回事。

每天的紀錄幫助我找出該避開的陷阱和可複製的亮點。我開始設法每天早上都讓身體動一動，過了2個月，晨間運動的習慣生根了。我調整作息，在餓壞之前吃午餐，那有助於我修改午餐的預設值：吃負擔較

輕、更能提振活力的午餐。

　　我一開始的紀錄都是關於「提振活力」，但後來我也發現追蹤「精華」和「雷射」策略非常有用。這些第一手的實驗，幫助我思考策略和調整適合自己的系統。天天反省也改善了我的行為：我向來在有人盯著我時比較勤奮──就算那個人是我自己。

39　不久之後，我領悟了「天天運動（但別逞英雄）」的策略（＃61）。

「有朝一日」
就從
今天開始

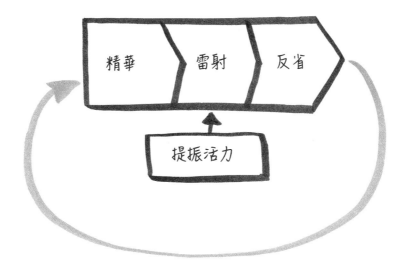

別問你自己世界需要什麼。
問你自己，什麼能讓你朝氣蓬勃，然後就去做。
因為這個世界需要的就是朝氣蓬勃的人。

──霍華德 ‧ 圖爾曼（Howard Thurman）

我們兩個都在矽谷度過好些年，矽谷最喜歡的商業用語之一是「轉軸」（pivot）。就創業而言，「轉軸」是一家公司以某項業務起步，但隨後了解某個相關（有時不相關）的概念更有希望。如果他們有充分的信心（和資金），就會向那個新方向旋轉。

有些創業的轉軸成效斐然。曾名為 Tote 的購物工具，旋轉成了 Pinterest。曾叫 Odeo 的 podcast 公司，旋轉成了 Twitter。曾叫 Burbn、原提供餐廳和酒吧訂位服務的 APP，旋轉成了 Instagram，而一家為相機製造作業系統的公司，旋轉成了 Android。

一旦你對「生時間」的工具和策略充滿信心，就已經為自己準備好轉軸了。經由選擇「精華」、透過「雷射」模式來提高專注力，你會愈來愈清楚優先事項，隨著你愈益明白優先事項，你可能會發現自己有新的長處和興趣冒出來──這也會建立信心：就跟從它們、看它們會帶你往哪裡去吧。我們就是如此。

傑克

　　我著手進行「時間」的實驗，原本是為了提升工作生產力，但成果豐碩得多。這本書裡的策略，幫助我在工作與家庭之間取得更好的平衡。藉由稍加改變我的生活，我覺得掌控力遠勝以往。當我學會如何為優先事項生出時間，很酷的計畫便冒了出來，例如研發出「設計衝刺」、和孩子做美術展，當然還有寫作。開始和完成我的第一本著作很難，但「生時間」幫我度過難關。

　　最後，好笑的事情發生了。我為寫作生出愈多時間，就愈想要寫。最後，我決定嘗試把寫作當成全職工作。我的優先事項的重大轉折並非一夕發生。那就像從山坡滾落的雪球，愈滾愈大。從2010年每天晚上騰出時間寫作，到2017年成為全職作家，總共經歷了7年。但當那一刻來臨，離開Google的決定——在我心目中曾無比荒唐的決定——一點也不困難。我要的東西很明確，而我已經建立充分的信心，知道自己可以放手一搏。

JZ

　　跟傑克一樣，我最初運用本書的策略是為了提升工作效率，但隨著時間過去，我發現自己不想用增加的活力和專注力，來爬升事業階梯。新的優先事項浮現：航海。我投入愈多時間在航海上，就愈覺得心滿意足。但不同於工作，航海的滿意度與外界的回饋無關，那是內在的激勵——來自於親自學習技能、用不同的眼光看世界，並在過程中尋找樂趣。

　　我開始設法為航海生出更多時間。運用本書的策略，我如願以償。我和內人蜜雪兒開始探求在風帆下生活的可能性：住在船上、想旅行就旅行、更投入我們在辦公室外的熱情。2017年，我們上路了。我們辭職、捨棄公寓、搬到帆船上，開始從加州沿太平洋岸往南航向墨西哥和中美洲。

　　當我熱切擁抱航海，其他優先事項就悄悄溜走了。揮別公司生活，全心投入航海和旅行，我放棄了炫目的工作頭銜、很酷的辦公室、薪水和年度分紅。但對我來說，遵循你剛讀到的系統多年後，要權衡取捨並不困難。我知道自己想要生時間來做什麼，所以我去做了。

　　就大部分的職業生涯，我們太分心、太倉促、太忙碌、太疲憊，生不出時間做自己最在乎的事。「生時間」首先協助我們取回掌控權。慢慢地，它協助我們展開那些經典的「有朝一日」計畫——已延宕多年，原本可能無限期延後的計畫。

　　當你養成為**自己**確立當務之急的習慣，日常生活便會改變。或許你會發現內心的羅盤和當前的工作完全契合，這樣你就更能鑑

定出最重要的機會，並依此行動。「生時間」能為你的事業生涯，提供持久的推進力。你的嗜好和業餘計畫也可能獲得「生時間」加持，和你的事業完美地搭配，相得益彰。

但那些業餘計畫也可能逐漸反客為主。可能會浮現一條嶄新、意料外的途徑。你可能會發現自己很樂意沿著那條途徑前進，看看它會通往哪裡。

先講清楚：我們不是建議你辭職、駕船環遊世界（除非你熱中此道，這樣你可以寫 email 請 JZ 給你建議）。我們也要強調，我們並未自稱凡事都有規劃——並沒有！我們不斷重新平衡優先事項，而我們兩人今天做的事，極不可能 2 年、5 年或 10 年後還在做。說不定當你讀到這裡，我們又改變路線了。這也無妨，只要是為了對我們重要的事情生時間，這個系統就可行。

不論你的目標是求取人生的平衡，在現有事業成長茁壯，甚或轉往新事業，我們相信「生時間」必能為你熱愛事創造更多時間和專注。誠如霍華德・圖爾曼所言，世界需要朝氣蓬勃的人。別等「有朝一日」才為那件會讓**你**朝氣蓬勃的事情生時間。今天就開始吧。

附錄

「生時間」快速上手指南

這本書介紹了林林總總的策略。如果你不確定該從哪裡開始，可以試試這個配方：

精華：替精華排時間（#8）
積極主動、為你的日子設定目標、打破「有問必答、有求必應」循環的簡單方式。

雷射：阻擋分心氪星石（#24）
助你脫離「萬丈深淵」，看看你的注意力有什麼樣的改變。

提振活力：徘徊街頭（#62）
每天散步幾分鐘就能為身體提供能量，給心靈帶來平靜。

連續三天，每晚反省
別擔心，這不是要你晚上寫日記寫一輩子（我們也沒這麼做）。就試試上述三種策略，然後連續三天在晚上做些紀錄。看看你學到什麼，記取什麼 樣的教訓。

另外，也可以上 maketimebook.com 網站，參考我們的訣竅和 APP 來助你起步。

行事曆範本

我們認為看看「生時間」在日常生活的樣貌，或許會對你有所助益，所以我們從自己的行事曆摘取了幾個具代表性的日子。一天可能嵌入**許多**策略，而那甚至不包括「設計你的日子」、「登出」、「戴手錶」和「試試不分心手機」——這些並未顯示在行事曆上。但就算可能置入許多策略，也沒有必要這麼做。這些都是極端的特例——別忘了，我們可是「時間雙傻」。

傑克

　　當我的行程塞滿會議時,我會從早到晚用數種策略來提振和維持我的活力。只有這般養精蓄銳,才能在晚上生出時間寫我的冒險小說。

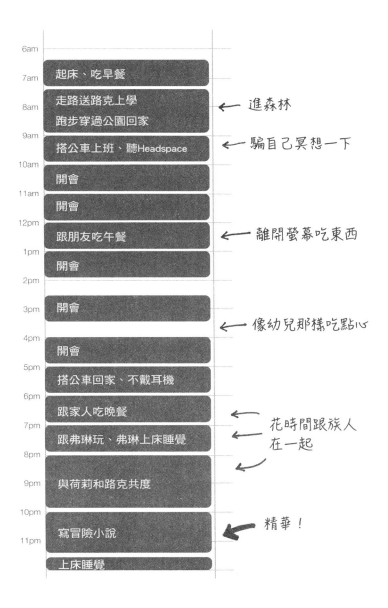

6am		
7am	起床、吃早餐	
8am	走路送路克上學 跑步穿過公園回家	← 進森林
9am	搭公車上班、聽Headspace	← 騙自己冥想一下
10am	開會	
11am	開會	
12pm	跟朋友吃午餐	← 離開螢幕吃東西
1pm	開會	
2pm		
3pm	開會	
		← 像幼兒那樣吃點心
4pm	開會	
5pm	搭公車回家、不戴耳機	
6pm	跟家人吃晚餐	←
7pm	跟弗琳玩、弗琳上床睡覺	← 花時間跟族人在一起
8pm		↘
9pm	與荷莉和路克共度	
10pm		
11pm	寫冒險小說	← 精華！
	上床睡覺	

JZ

我還在Google上班時，普通的平日就像這樣。每天我都起得很早，**立刻**花時間進行「精華」，才開始做**別的事情**──當然，除了喝咖啡以外。走路上班會讓我的一天從一開始就精力充沛。接下來，隨著我的創造力逐漸衰退，我會把焦點轉向行政工作（如email），並重振活力（透過運動、烹飪、和內人蜜雪兒共度時光）。

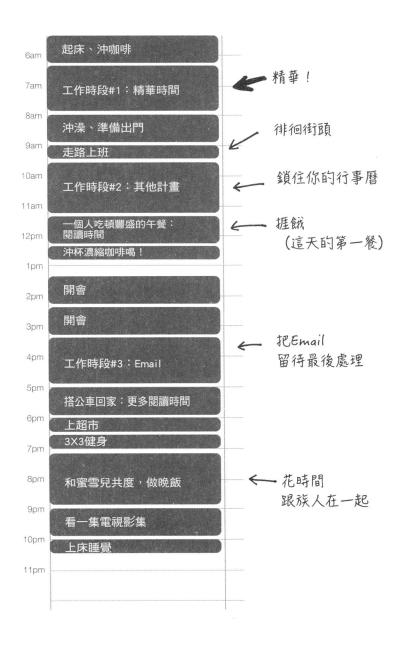

時間	行程	註記
6am	起床、沖咖啡	
7am	工作時段#1：精華時間	精華！
8am	沖澡、準備出門	
9am	走路上班	徘徊街頭
10am	工作時段#2：其他計畫	鎖住你的行事曆
11am		
12pm	一個人吃頓豐盛的午餐：閱讀時間	捱餓（這天的第一餐）
	沖杯濃縮咖啡喝！	
1pm		
2pm	開會	
3pm	開會	
4pm	工作時段#3：Email	把Email留待最後處理
5pm	搭公車回家：更多閱讀時間	
6pm	上超市	
7pm	3X3健身	
8pm	和蜜雪兒共度，做晚飯	花時間跟族人在一起
9pm	看一集電視影集	
10pm	上床睡覺	
11pm		

推薦給時間傻瓜的讀物

《過得還不錯的一年》（*The Happiness Project*），
葛瑞琴 · 魯賓（Gretchen Rubin）著。
這本書能使你更愉快。瘋了才不去讀。

《大腦當家》（*Brain Rules*），
麥迪納（John Medina）著
迅速有趣的大腦科學概觀，容易理解、令人難忘。欲讀更困難、更多細節的讀物，請看亞當 · 格列茲利（Adam Gazzaley）和拉瑞 · 羅森（Larry Rosen）合著之《不集中的心智》（*The Distracted Mind: Ancient Brains in a High-Tech World*）。

《深度工作力》（*Deep Work*），
卡爾 · 紐波特（Cal Newport）著。
書中充滿執拗而多半不尋常的專注策略。

《一週工作 4 小時》（*The 4-Hour Workweek*），
提姆 · 費里斯（Tim Ferriss）著。
提姆是超人，我們不是，但這本書仍讓我們獲益良多。

《搞定！》(*Getting Things Done*)，
大衛 · 艾倫（David Allen）著。
非常嚴謹的組織系統。我們故態復萌的經驗不計其數，但就算我們
不再是搞定幫，大衛 · 艾倫的哲學仍與我們同在。

《好日子革新手冊》(*How to Have a Good Day*)，
卡洛琳 · 韋伯（Caroline Webb）著。
深入分析最新的行為科學，並針對如何將那種科學應用到日常生
活，提出高明的建議。

《關鍵時刻》(*The Power of Moments*)，
奇普 · 希思／丹 · 希思（Chip/Dan Heath）著。
西斯兄弟解釋，為什麼「瞬間」對生活有超大的影響力，並示範你
可以怎麼在生活操縱偉大的瞬間。讀讀這本書，以煥然一新的活力
處理你的「精華」吧。

Headspace APP，安迪 · 普迪康比（Andy Puddicombe）主講。
安迪做的不只是引導你進行冥想，還教給你面對現代世界的健全心態。

《為什麼我們這樣生活，那樣工作？》(*The Power of Habit*)，
查爾斯 · 杜希格（Charles Duhigg）著。
用這本書作為指南，將「生時間」策略轉化為長期的習慣。

《心態致勝》(*Mindset*)，
卡蘿 · 杜維克（Carol Dweck）著。
習慣極為強大，但有時你需要調整心態來改變行為。

《食物無罪》（*In Defense of Food*），
麥可 · 波倫（Michael Pollan）著。
要透過模仿採集狩獵者的飲食來打造活力，沒有比這更好的指引了。

《人類大歷史》（*Sapiens*）
哈拉瑞（Yuval Noah Harari）著。
許多「生時間」的策略都是以效法古人類的概念為基礎。《人類大歷史》是部細膩、卓越的，呃……人類史。

　　欲見對分心產業的徹底批判，請參閱亞當 · 奧特（Adam Alter）的著作《不可抗拒》（*Irresistible*）、崔斯坦 · 哈里斯（Tristan Harris）為人性科技中心（Center for Humane Technology）架設的網站（humanetech.com）；欲了解養成習慣的產品是如何製造，請參閱尼爾 · 艾歐（Nir Eyal）的《鉤癮效應》（*Hooked*）。

　　以下是我們兩個人的個別推薦：

JZ

《跟錢好好相處》（*Your Money or Your Life*），
薇琪‧魯賓（Vicki Robin）、喬‧杜明桂（Joe Dominguez）著。
這部經典在個人理財的主題上，運用了和「生時間」一樣的原則──
重新思考預設值、刻意用心、避免分心。啟發性高得驚人。

《善用悲觀的力量》（*A Guild to Good Life*），
威廉‧歐文（William B. Irvine）著。
非常平易近人的斯多噶哲學入門。就像「生時間」，斯多噶主義是教
你怎麼過生活的日常策略系統，而且有超過2,000年的歷史。

《只要好玩》（*As Long as It's Fun*），
賀伯‧麥康米克（Herb McCormick）著。
這是截然不同的建議：一對夫婦選擇自己創造預設值的傳記：他們徒
手打造2艘船、環遊世界2周、寫下11本書。真的鼓舞人心。

傑克

《生者》（*The Living*），安妮‧迪勒（Annie Dillard）著。
這本小說（場景接近我成長的地方：華盛頓州西北部）讓我欣賞和珍惜人生，以及已黏著我數十年的諸多片刻。

《史蒂芬‧金談寫作》（*On Writing*），史蒂芬‧金（Stephen King）著。自然，這是像我這樣有志寫小說的人的必讀之作。但你不必是作家或驚悚小說迷（我就不是），也會喜歡這本書。書中教你如何勤勉不懈、熱情澎湃地去做任何工作。而且文筆非常幽默。

最後，我們一致同意你該讀一讀……

《SPRINT衝刺計畫》（*Sprint*），傑克‧納普（Jake Knapp）、約翰‧澤拉斯基（John Zeratsky）、布雷登‧柯維茲（Braden Kowitz）著
如果你喜歡《生時間》的構想，不妨在職場試試「設計衝刺」。

分享你的策略、尋找資源、保持聯繫

　　要找到輔助「生時間」的最新 APP、讀讀我們和其他讀者的新策略,並分享你自己的技巧,請瀏覽 maketimebook.com、註冊接收我們的新聞通訊。

致謝

感謝幫助我們寫這本書的人：

感謝我們優秀的經紀人 Sylvie Greenberg 帶領我們從一堆部落格文章一路到成書。也大大感謝我們在 Fletcher & Company 的團隊——Erin McFadden、Grainne Fox、Veronica Goldstein、Sarah Fuentes、Melissa Chinchillo，當然還有 Christy Fletcher。

感謝我們傑出的編輯 Talia Krohn, 協助我們聚焦在重要的事和創造這本最實用的書。也要跟 Currency 的整支團隊擊掌——Tina Constable、Campbell Wharton、Erin Little、Nicole McArdle、Megan Schumann、Craig Adams 和 Andrea Lau。

感謝我們的英國編輯在最好的時機傳送睿智的回饋。

感謝我們最早的讀者：Josh Yellin、Imola Unger、Mia Mabanta、Scott Jenson、Jonathan Courtney、Stefan Claussen、Ryan Brown、Daren Nicholson、Piper Loyd、Kristen Brillantes、Marin Licina、Bruna Silva、Stéph Cruchon、Joseph Newell、John Fitch、Manu Cornet、Boaz Gavish、Mel Destefano、Tim Hoefer、Camille Fleming、Michael Leggett、Henrik Bay、Heidi Miller、Martin Loensmann、Daniel Andefors、Anna Andefors、Tish Knapp、Xander Pollock、Maleesa Pollock、Becky Warren、Roger Warren、Francis Cortez、Matt Storey、Sean Roach、Tin Kadoic、Cindy Fenton、Jack Russillo、Dave Cirilli、Dee Scarano、Mitchell Geere、Rebecca

Garza-Bortman、Amy Bonsall、Josh Porter、Rob Hamblen、Michael Smart、Ranjan Jagganathan、Douglas Ferguson 給我們誠實的回應和極具洞察力的建議。因為你們的付出，這本書才能愈來愈好。

感謝 1,700 多位讀者審閱本書最早的版本，並給予我們寶貴的意見。

JZ

首先感謝內人蜜雪兒。妳是最棒的。謝謝妳支持這項計畫，就算我最早的綱要是在聖約翰度假期間寫的。就算寫這本書的時間常與我們的航海計畫重疊。尤其謝謝妳讀了原稿好多次，從我迫切需要的角度給我睿智的回饋。非常謝謝妳。

謝謝你，傑克。我寫這句話的同時，距離我們第一次的「設計衝刺」已經6年。與你共事改變了我對工作本身的想法。我們的合作完全超乎我的計畫和預期。最重要的，那真的、真的很開心！我們再來一次吧。

感謝我這些一直是職場模範的朋友。謝謝Mike Zitt：你示範了如何重新設計工作來支持生活。謝謝Matt Shobe：你展現了全心全意投入創意工作的力量（也是文字編輯方面的出色導師）。謝謝Graham Jenkina：你證明就連行程滿檔的經理人也可能生出時間做重要的事。也謝謝Kristen Brillantes和Daniel Burka：你們讓我看到，當你為工作付出全部的自己，可能會發生什麼神奇的事情。

Taylor Hughes、Rizwan Sattar、Brenden Muligan、Nick Burka、Daniel Burka，謝謝你們花了10多年的時間，把我的「生時間」概念轉變成APP。我會永遠感謝Done-zo、Compose和One Big Thing。

264

謝謝所有改變我對時間、活力和生活的看法的作家（以及其他權威人士）。特別是卡爾・紐波特、葛瑞琴・魯賓、James Altucher、Jason Fried、JD Roth、Laura Vanderkam、Lin Pardey、Mark Sisson、Nassim Taleb、Pat Schulte、Paula Pant、Pete Adeney、Steven Pressfield、Vicki Robin和華倫・巴菲特（Warren Buffett）。

傑克

我要向愛妻荷莉致上最深的謝意。沒有妳堅定的鼓勵和理性務實的回饋（我是以極盡讚賞的語氣來說「理性務實」），我絕對寫不成這本書。妳帶給我幸福快樂，對此我滿懷感激。

路克，謝謝你降臨人世，帶我認識時間管理。謝謝你在這漫長的計畫期間當我堅定的好友，借我你充滿創意的眼睛。

弗琳，謝謝你這麼逗人開心，並不時鼓勵我放下寫作休息一下。也要感謝你跟我一起工作，幫我畫插圖。

媽，謝謝妳打出我小學的故事、忍受我那程度只有12年級的破英文，幫助我搞定《生時間》的遣詞用字。最重要的，謝謝妳寫過書，讓我明白寫書是做得到的事。如果我當上作家，都要歸功於妳。

很多、很多年，本書開頭引用的那句甘地名言，就貼在家父小貨車的儀表板上。家父親身實踐了那句話。他終其一生，日復一日，做了非傳統的選擇：慢下來，把有品質的時間置於金錢和名望之前。他看不到這本書了，但每次我坐下來寫，腦海都會浮現他的身影。爸，我真的很想你──謝謝你教我專心致志。

很多朋友看待人生和時間的方式，都令我深受鼓舞。在此我不打算一一列舉，而僅著眼於兩位對於形塑我的思維影響特別深遠的朋友。Scott Jenson和Kristen Brillantes，就是你們。

我覺得非常幸運有機會出版一本書，要感謝很多人為我開啟這扇門，包括Sylvie Greenberg、Christy Fletcher、Ben Loehnen、Tim Brown、尼爾‧艾歐、Eric Ries、Bill Maris、Braden Kowitz和查爾斯‧杜希格。

這本書也是一封寫給作家們的粉絲信，謝謝你們改變我對日子的看法，尤其是Daniel Pinkwater、大衛‧艾倫、葛瑞琴‧魯賓、June Burn、Jason Fried、Barbara Kingsolver、Tim Urban、安妮‧迪勒、提摩西‧費里斯、史蒂芬‧金、奧斯丁‧克隆、Scott Berkun、 Dan Ariely、Marie Kondo、Tom Kelly、David Kelley，以及奇普和丹‧希思。如果我萬分之一的希望成真，有哪位大作家會看一本勵志書的謝詞：請把這當成一張咖啡招待券，我請客，隨時歡迎。

當然，要向我的好友約翰‧澤拉斯基致上超量級的謝意。謝謝你的熱心、耐心、智慧、洞見、勤奮和極具建設性的意見不合。自我們相遇，你的世界觀就鼓舞了我，很榮幸能與你共事──甚至包括你冷不防開船去墨西哥的時候。

插圖致謝

插圖繪者：傑克・納普

電話和筆電的桌布圖案：路克・納普

部分著色：弗琳・納普

生時間的紀錄　　　　　日期 ⎯⎯⎯⎯⎯

今日精華

我為它生時間了嗎？是！否。

今天的專注力

雷射　　1 2 3 4 5 6 7 8 9 10

今天的活力

活力　　1 2 3 4 5 6 7 8 9 10

今天試過的策略　　　　成效如何？

明天要試（或再試）的策略：

滿懷感激的片刻：

工作生活 BWL 076A

生時間
高績效時間管理術
MAKE TIME：

HOW TO FOCUS ON WHAT MATTERS EVERY DAY

作者 —— 傑克‧納普（Jake Knapp）
　　　　約翰‧澤拉斯基（John Zeratsky）
譯者 —— 洪世民

總編輯 —— 吳佩穎
副總監 —— 楊郁慧
責任編輯 —— 賴仕豪（特約）
封面設計 —— 張議文
版型設計排版 —— 江儀玲（特約）

出版者 —— 遠見天下文化出版股份有限公司
創辦人 —— 高希均、王力行
遠見‧天下文化 事業群榮譽董事長 —— 高希均
遠見‧天下文化 事業群董事長 —— 王力行
天下文化社長 —— 林天來
國際事務開發部兼版權中心總監 —— 潘欣
法律顧問 —— 理律法律事務所陳長文律師
著作權顧問 —— 魏啟翔律師
社址 —— 臺北市 104 松江路 93 巷 1 號
讀者服務專線 —— 02-2662-0012｜傳真 —— 02-2662-0007；02-2662-0009
電子郵件信箱 —— cwpc@cwgv.com.tw
直接郵撥帳號 —— 1326703-6　遠見天下文化出版股份有限公司

製版廠 —— 東豪印刷事業有限公司
印刷廠 —— 祥峰印刷事業有限公司
裝訂廠 —— 台興印刷裝訂股份有限公司
登記證 —— 局版台業字第 2517 號
總經銷 —— 大和書報圖書股份有限公司｜電話 —— 02-8990-2588
出版日期 —— 2023 年 4 月 24 日第二版第 1 次印行
　　　　　　2024 年 1 月 24 日第二版第 3 次印行

國家圖書館出版品預行編目(CIP)資料

生時間：高績效時間管理術 / 傑克‧納普
(Jake Knapp), 約翰‧澤拉斯基(John Zeratsky)
作；洪世民譯. -- 第一版. -- 臺北市：　遠
見天下文化, 2019.11
面；　公分. -- (工作生活；BWL076)
譯自 : Make time : how to focus on what
matters every day
ISBN 978-986-479-780-6(平裝)

1.時間管理　2.自我實現　3.成功法

494.01　　　　　　　　　　　　108011595

定價 —— NT420 元
ISBN —— 4713510943496
書號 —— BWL 076A
天下文化官網 —— bookzone.cwgv.com.tw

本書如有缺頁、破損、裝訂錯誤，請寄回本公司調換。
本書僅代表作者言論，不代表本社立場。